Sabe Usted De Física

Yákov Perelmán

Prefacio del Autor

El presente libro, que casi no rebasa el marco de la física elemental, está destinado a aquellos lectores que han estudiado la física en la escuela secundaria y, por lo tanto, consideran que dominan bien sus principios.

Por la experiencia que he venido acumulando durante muchos años sé que raras veces se encuentran personas que saben al dedillo la física elemental. Las que se interesan por la física en general, son atraídas antes bien por los éxitos más recientes de esta ciencia; además, las revistas de divulgación científica suelen encauzar la atención de los lectores en esta misma dirección. Por otra parte, no se procura llenar las lagunas de la preparación inicial y no se acostumbra profundizar con denuedo en los conocimientos de física elemental, a consecuencia de lo cual éstos, comúnmente, mantienen la forma en que fueron asimilados en la escuela.

Por consiguiente, los elementos de física, así como los cimientos de todas las ciencias naturales y la técnica en general, no son muy seguros. En este caso la fuerza de la rutina es tan grande que ciertos prejuicios «físicos» se notan en la mentalidad de algunos especialistas de dicha rama del saber humano.

A base de la presente obra se podría celebrar un certamen sobre temas de física muy diversos, que tendría por objeto ayudar al lector a determinar en qué grado domina los fundamentos de esta ciencia, sin que pretenda ser un cuestionario para un examen de dicha asignatura; la mayoría de los problemas y preguntas que se ofrecen, difícilmente se plantearían en un examen de física, más aún, el libro contiene cuestiones que no suelen figurar en los exámenes, aunque todas están vinculadas íntimamente al curso de física elemental.

No obstante su sencillez, la mayoría de las preguntas serán inesperadas para el lector; otras le parecerán tan fáciles que tendrá respuestas listas de antemano, las que sin embargo resultarán erróneas.

Por medio de esta colección de preguntas y problemas procuramos convencer al lector de que el contenido de la física elemental es mucho más rico de lo que a veces se imagina; además, demostramos que toda una serie de nociones físicas generalmente conocidas son equivocadas. De esta manera tratamos de incitarle a examinar críticamente sus conocimientos de física con el fin de adecuarlos a la realidad.

Capítulo I
Mecánica

Contenido:

Sabe Usted De Física

1. La medida de longitud más pequeña.
Cite la medida de longitud más pequeña.
Una milésima de milímetro, micrómetro (μ□m), micra o micrón (μ□), no es la unidad de longitud más pequeña de las que se utilizan en la ciencia moderna. Hay otras, todavía más pequeñas, por ejemplo, las unidades submúltiplas de milímetro: el nanómetro (nm) que equivale a una millonésima de milímetro, y el llamado angstrom (Å) equivalente a una diezmillonésima de milímetro. Las medidas de longitud tan diminutas sirven para medir la magnitud de las ondas luminosas. Además, en la naturaleza existen cuerpos para cuyas dimensiones tales unidades resultan ser demasiado grandes. Así son el electrón y el protón cuyo diámetro, posiblemente, es mil veces menor aún.
Volver

2. La medida de longitud más grande
¿Cuál es la medida de longitud más grande?
Hasta hace cierto tiempo, la unidad de longitud más grande utilizada en la ciencia se consideraba el año luz, equivalente al espacio recorrido por la luz en el vacío durante un año. Esta unidad de distancia representa 9,5 billones de kilómetros (9,5*10^{12} km). En los tratados científicos más a menudo se suele emplear otra, que la supera más de tres veces, llamada parsec (pc). Un parsec (voz formada de par, abreviación de paralaje, y sec, del lat. secundus, segundo) vale 31 billones de kilómetros (31*10^{12} km). A su vez, esta gigantesca unidad de distancias astronómicas resulta ser demasiado pequeña. Los astrónomos tienen que utilizar el kiloparsec que equivale a 1000 pc, y el megaparsec, de 1.000.000 pc, que hoy en día es la unidad de medida más grande. Los megaparsec se utilizan para medir las distancias hasta las nebulosas espirales.
Volver

3. Metales ligeros.
Metales más ligeros que el agua. ¿Existen metales más ligeros que el agua? Cite el metal más ligero.
Cuando se pide nombrar un metal ligero, se suele citar el aluminio; no obstante, éste no ocupa el primer lugar entre sus «semejantes»: hay otros, mucho más ligeros que él.

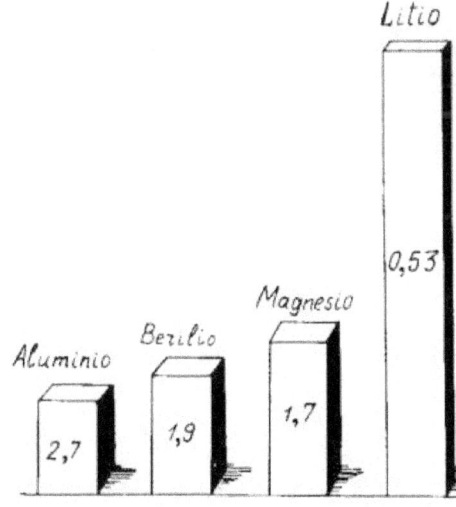

Prismas de peso igual fabricados de metales ligeros

Para comparar, en la figura se ofrecen prismas de masas iguales, hechos de diferentes metales ligeros. A continuación los citamos especificando su densidad (g/cm^3):

Aluminio	2,7
Berilio	1,9
Magnesio	1,7
Sodio	0,97
Potasio	0,86
Litio	0,53

Según vemos, el litio es el metal más ligero cuyo peso específico es menor que el de muchas especies de madera (los tres últimos metales son más ligeros que el agua); un trozo de litio flota en el queroseno sólo sumergiéndose hasta la mitad. El litio pesa 48 veces menos que el metal más pesado, el osmio.

Entre las aleaciones empleadas en la industria moderna, las más livianas son:

1. el duraluminio (aleación de aluminio con pequeñas cantidades de cobre y magnesio); tiene una densidad de 2,6 g/cm^3 y pesa tres veces menos que el hierro, superándolo en resistencia una vez y media.

2. el electrón (no se confunda con la partícula elemental de carga negativa); este metal tiene una resistencia casi igual que el duraluminio y es más liviano que éste en el 30 % (su densidad es de 1.84 g/cm^3).

Volver

4. La sustancia más densa.
¿Qué densidad tiene la sustancia más densa que se conoce?

La densidad del osmio, iridio y platino (elementos considerados como los más densos) nada vale en comparación con la de algunos astros. Por ejemplo, un centímetro cúbico de materia de la estrella de van Maanen, perteneciente a la constelación zodiacal de Piscis, contiene 400 kg de masa por término medio; esta materia es 400.000 veces más densa que el agua, y unas 20.000 veces más densa que el platino. Un diminuto perdigón hecho de semejante materia, de unos 1,25 mm de diámetro, pesaría 400 g.
Volver

5. En una isla deshabitada.
He aquí una de las preguntas presentadas en el famoso certamen de Edison. «Encontrándose en una de las islas de la zona tropical del Pacífico, ¿cómo se podría desplazar, sin emplear instrumento alguno, una carga de tres toneladas, digamos, un peñasco de 100 pies de largo y de 15 pies de alto?»
«¿Hay árboles en aquella isla tropical?» -pregunta el autor de un libro publicado en alemán y dedicado al análisis del certamen organizado por Edison.

Ésta es una pregunta superflua, pues para mover un peñasco no se necesitan árboles: se puede realizar esta operación sólo con las manos. Calculemos las dimensiones del peñasco, que no se mencionan en el problema (cosa que no puede menos que provocar sospechas) y todo estará claro. Si pesa 30.000 N, mientras que la densidad del granito es de 3000 kg/cm^3, su volumen valdrá 1 m^3. Como la peña apenas mide 30 m de largo y unos 5 m de alto, su grosor será de

$$1 / (30 * 5) = 0,007 \text{ m}$$

es decir, de 7 mm. Por consiguiente, se tenía en cuenta una pared delgada de 7 mm de grosor. Para tumbar semejante obstáculo (siempre que no esté muy hundido en el terreno) sería suficiente empujarlo con las manos o el hombro. Calculemos la fuerza que se necesita para ello.

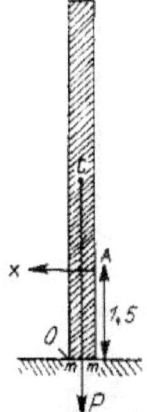

Desplome del peñasco de Edison

Designémosla por X; en la figura la representa el vector AX . Dicha fuerza está aplicada al punto A dispuesto a la altura de los hombros de una persona (1,5 m), y tiende a hacer girar la pared en torno al eje O. Su momento es igual a

$$\text{Mom. } X = 1,5X.$$

El peso de la peña P = 30.000 N, aplicado a su centro de masas C, se opone al esfuerzo de empuje y tiende a mantener el equilibrio. El momento creado por el peso respecto del eje D es igual a

$$\text{Mom. } P = Pm = 30.000 * 0,0035 = 105.$$

En este caso la fuerza X se determina haciendo uso de la ecuación siguiente:

$$1,5X = 105,$$

de donde

$$X = 70 \text{ N};$$

o sea, empujando la pared con un esfuerzo de 70 N, una persona podría tumbarla.
Es muy poco probable que semejante obra de mampostería pudiera permanecer en posición vertical: la desplomaría un leve soplo de aire. Es fácil calcular mediante el método recién descrito que para tumbar esa pared bastaría un viento (que interviene como una fuerza aplicada al punto medio de la obra) de sólo 15 N, mientras que un viento no muy fuerte, creando una presión de 10 N/m^2, ejercería sobre ella un empuje superior a los 10.000 N.
Volver

6. Modelo de la torre Eiffel.
La torre Eiffel, toda de hierro, mide 300 m (1000 pies) de altura y pesa 9000 t. ¿Cuánto pesará su modelo exacto, también hecho de hierro de 30 cm (1 pie) de altura?

7

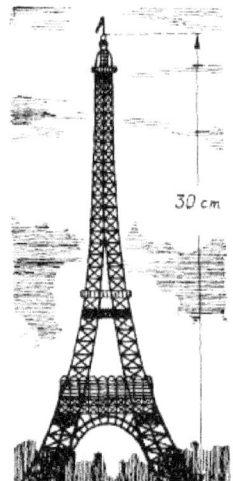

¿Cuánto pesará semejante modelo de la torre Eiffel?

Este problema es más bien geométrico que físico; no obstante, ofrece mayor interés para la física, pues en física a veces se suelen comparar las masas de cuerpos geométricamente semejantes. Se requiere determinar la razón de masas de dos cuerpos semejantes, además, las dimensiones lineales de uno de ellos son 1000 veces menores que las del otro.

Sería un error craso creer que un modelo de la torre Eiffel, disminuido tantas veces, tenga una masa de 9 t en vez de 9000 t, es decir, que sea mil veces menor que su prototipo. En realidad, los volúmenes y, por tanto, las masas de los cuerpos geométricamente semejantes se relacionan como sus dimensiones lineales a la tercera potencia. Luego tal modelo debería tener una masa 1000^3 veces menor que la obra real, es decir, sería 1.000.000.000 veces menor:

$$9.000.000.000 / 1.000.000.000 = 9 \text{ g.}$$

ésta sería una masa insignificante para un artefacto de hierro de 30 cm de altura. Pero no debemos sorprendernos de ello, pues sus barras serían mil veces más delgadas que las de la original, es decir, semejarían hilos, y todo el modelo parecería un tejido de un alambre finísimo, de modo que no hay motivo para extrañarnos de su masa tan pequeña.
Volver

7. Mil atmósferas bajo la punta de un dedo.
¿Podría Ud. ejercer una presión de 1000 at con un dedo?

A muchos lectores les sorprenderá la afirmación de que al manejar una aguja o un alfiler, se ejerce una presión de 1000 at. Es muy fácil cerciorarnos de esto midiendo el esfuerzo que se aplica a un alfiler puesto verticalmente en el plato de una balanza y presionado con un dedo; esta magnitud será de unos 3 N. El diámetro del área que sufre la presión ejercida por la punta del alfiler, es de 0,1 mm^2, o 0,01 cm^2, aproximadamente; ésta es igual a

$$3 * 0,01^2 = 0,0003 \text{ cm 2.}$$

Por lo tanto, la presión correspondiente a 1 cm^2 será de

$$3 / 0,0003 = 10.000 \text{ N.}$$

Como una atmósfera técnica (at) equivale a una presión de 10 N por 1 cm^2, al introducir el alfiler, ejercemos una presión de 1000 at. La presión de trabajo que el vapor crea en el cilindro de la máquina de vapor es cien veces menor.

Un sastre, manejando una aguja, a cada rato se vale de una presión de cientos de atmósferas sin sospechar que sus dedos son capaces de desarrollar una presión tan enorme. Tampoco se da cuenta de esto un barbero que hace la barba a su cliente con una navaja de afeitar. Si bien ésta ataca el pelo con una fuerza de unas cuantas décimas de N, el grosor de su filo no supera 0,0001 cm, mientras que el diámetro de un pelo es menos de 0,01 cm; en este caso la presión ejercida por la navaja afecta un área de

$$0,0001 * 0,01 = 0,000001 \text{ cm}^2 .$$

La presión específica que una fuerza de 0,01 N ejerce sobre un área tan pequeña es de

$$0,01 : 0,000001 = 10.000 \text{ N/cm}^2 ,$$

o sea, es de 1000 at. La mano comunica a la navaja una fuerza superior a 0,01 N, por lo cual la presión de esta última sobre el pelo alcanza decenas de miles de atmósferas.
Volver

8. Un esfuerzo de 100.000 at creado por un insecto.
¿Podría un insecto crear una presión de 100.000 at?

Los insectos tienen una fuerza tan insignificante en valor absoluto que parece extraña la afirmación de que algunos de ellos puedan ejercer una presión de 100.000 at. No obstante ello, se conocen insectos capaces de crear una presión mucho mayor. Por ejemplo, la avispa ataca a su presa clavando en ella su aguijón con una fuerza de tan sólo 10^{-14} N, o algo así. Pero el dardo de este heminóptero es tan agudo que ni siquiera la técnica moderna, por más sofisticada que sea, puede crear un efecto semejante; aun los instrumentos microquirúrgicos son mucho más romos (adj. Obtuso y sin punta) que el aguijón de la avispa. Su punta es tan afilada que ni el microscopio más potente puede descubrir una «meseta» en ella.

La punta de una aguja vista en un microscopio de gran aumento, semejaría la cima de una montaña

La punta de la aguja, vista en semejante microscopio, en cambio, parecería la cima de una montaña mientras que el filo de un cuchillo muy afilado semejaría más bien una sierra.

El filo de un cuchillo visto en un microscopio de gran aumentosemejaría una sierra

Al parecer, el dardo de la avispa es el «instrumento» natural más agudo: su radio de redondeo no supera 0,00001 mm, en tanto que el filo de una navaja de afeitar muy bien aguzada es no menos de 0,0001 mm y alcanza 0,001 mm. Calculemos el área afectada por la fuerza de la presión de 0,0001 N cuando la avispa clava su aguijón, o sea, un área de 0,000001 mm de radio. Adoptando, para simplificar, n = 3, obtendremos el siguiente resultado:

$$3 * 0,000001\,^2\,cm\,^2 = 0,00000000003\,cm\,^2.$$

La fuerza que actúa sobre esta área es de 0,0001 N, de modo que se crea una presión de

$$0,0001 / 0,000000000003 = 330.000\,at = 3,3 \cdot 10\,^{10}\,Pa.$$

Ejerciendo una presión tan enorme una avispa podría punzar el blindaje de acero más resistente si su dardo fuera lo suficientemente tenaz.
Volver

9. El remero en el río.
Una embarcación de remo navega por un río, y junto a ella flota una astilla. ¿Qué le es más fácil al remero, adelantar 10 m a la astilla o quedar a su zaga a la misma distancia?.

Aun las personas que practican el deporte del remo, a menudo suelen responder erróneamente a la pregunta planteada: les parece que remar aguas arriba es más difícil que aguas abajo; por consiguiente, en su opinión cuesta menos trabajo aventajar a la astilla que quedar a su zaga.
Por supuesto, es más difícil bogar corriente arriba que corriente abajo. Mas, si se quiere alcanzar un punto que se desplaza con la misma velocidad, por ejemplo, la mencionada astilla, la situación se torna distinta. Hay que tener en cuenta el hecho de que la lancha que flota a favor de la corriente se encuentra en reposo respecto del agua que la lleva. De modo que el remero maneja los remos del mismo modo que en el agua de un estanque. En éste da igual bogar en cualquier dirección; lo mismo ocurre en nuestro caso, encontrándose en medio de agua corriente.
De manera que el remero tendrá que invertir igual cantidad de trabajo, sin que importe qué es lo que pretende, aventajar a la astilla llevada por la corriente o rezagarse de ella a la misma distancia.
Volver

10. El empavesado de un aeróstato.
Un aeróstato es arrastrado por el viento en dirección norte. ¿En qué sentido se alínea el empavesado de la barquilla?

Mientras el aeróstato se desplaza a favor del flujo de aire, ambos tienen la misma velocidad: el globo y el aire ambiente están en reposo uno respecto a otro. Por esta razón, el empavesado deberá colgar de la barquilla, como sucede en tiempo de calma. Los tripulantes no deberán sentir ni el menor soplo de aire, aunque sean llevados por un huracán.
Volver

11. Círculos en el agua.
Al arrojar una piedra al agua estancada se forman ondas que se propagan en torno al punto de caída. ¿Qué forma tienen las ondas que surgen cuando una piedra cae al agua corriente?

¿Qué forma tienen las ondas formadas al arrojar una piedra al agua corriente?

Si usted no encuentra la manera adecuada de abordar este problema quedará despistado y sacará la conclusión equivocada de que, en el agua corriente, las ondas deben alargarse en forma de elipse o de óvalo, y estar achatadas en la parte que enfrenta a la corriente. Sin embargo, observando atentamente las ondas que viajan en torno al punto de caída de una piedra en un río, nos daremos cuenta de que tienen forma circular, por muy rápida que sea la corriente.

En esto no hay nada de extraño: analizando detenidamente el fenómeno descrito concluiremos que las ondas que surgen alrededor del punto donde cae la piedra, deben tener forma circular tanto en el agua corriente como estancada. Vamos a examinar el movimiento de las partículas de agua agitada como resultado de dos movimientos: uno radial (desde el centro de oscilaciones) y otro de traslación (según la corriente del río). Un cuerpo que participa en varios movimientos se traslada, en resumidas cuentas, hacia al punto donde cae la piedra si realizara sucesivamente dichos movimientos. Por tanto, supongamos primeramente que la piedra ha sido arrojada en un agua quieta. En este caso está claro que las ondas que surgen son circulares.

Ahora supongamos que el agua está en movimiento, sin prestar atención a la velocidad y al carácter uniforme o variado de dicho movimiento, siempre que sea progresivo. ¿Qué pasará con las ondas circulares? Se trasladarán paralelamente una respecto a otra, sin sufrir deformación alguna, es decir, seguirán siendo circulares.
Volver

12. La ley de inercia y los seres vivos
¿Obedecerán los seres vivos a la ley de inercia?

El motivo por el cual se pone en duda la afirmación de que los seres vivos obedezcan a la ley de inercia es el siguiente. Se suele considerar que ellos pueden ponerse en movimiento sin que intervenga una fuerza externa, mientras que la ley de inercia reza: «Un cuerpo abandonado a la suerte permanecerá en estado de reposo o continuará su movimiento rectilíneo y uniforme hasta que una fuerza externa cambie este estado» (Prof. A. Eijenvald, Física teórica).
No obstante, la palabra «externa» no es indispensable en el enunciado de la ley de inercia, ni mucho menos: en este caso es un vocablo de más. Isaac Newton no lo utiliza en sus Principios matemáticos de la filosofía natural, es decir, de la física. He aquí una versión literal de la definición newtoniana de dicha ley:
«Todo cuerpo continuará en su estado de reposo o de movimiento uniforme y rectilíneo mientras y por cuanto no necesite cambiar este estado debido a las fuerzas aplicadas a él»
Según vemos, Isaac Newton no indica que la fuerza que hace que el cuerpo abandone el estado de reposo 0 deje de moverse por inercia, obligatoriamente tiene que ser externa. Semejante enunciado de la ley de inercia no permite dudar de que ella afecta a todos los seres vivos. Por lo que atañe a la facultad de moverse sin la participación de fuerzas externas, razonamientos relativos a esta cuestión aparecen en los ejercicios siguientes.
Volver

13. El movimiento y las fuerzas internas.
¿Podrá poner se en movimiento un cuerpo sólo a expensas de sus fuerzas internas?

Se considera que un cuerpo es incapaz de ponerse en movimiento únicamente a expensas de sus fuerzas internas. éste es un prejuicio. Basta con citar el ejemplo del misil que sólo se mueve merced a sus fuerzas internas.
Lo cierto es que estas últimas no pueden provocar un movimiento igual de toda la masa del cuerpo. Pero ellas son capaces, por ejemplo, de imprimir un movimiento a una parte de éste hacia adelante, y a la otra, otro movimiento hacia atrás. Así sucede en el caso del misil.
Volver

14. El rozamiento como fuerza.
¿Por qué se suele decir que el rozamiento es una fuerza, a pesar de que el mismo, de por sí, no puede contribuir al movimiento (por tener siempre sentido contrario a éste)?
Desde luego, el rozamiento no puede ser causa directa de movimiento; por el contrario, lo impide. Precisamente por eso lo llaman con todo fundamento fuerza. ¿Qué es una fuerza? Isaac Newton la define del modo siguiente:
«La fuerza es una acción ejercida sobre un cuerpo a fin de modificar su estado de reposo o de movimiento rectilíneo y uniforme»
El rozamiento modifica el movimiento rectilíneo de los cuerpos, convirtiéndolo en uno variado (retardado). Por consiguiente, el rozamiento es una fuerza.
Para diferenciar tales fuerzas no motrices, como el rozamiento, de otras, capaces de provocar movimiento, las primeras se dice que son pasivas, y las segundas, activas. El rozamiento es una fuerza pasiva.
Volver

11

15. El rozamiento y el movimiento de los animales.
¿Qué papel desempeña el rozamiento en el proceso de movimiento de los seres vivos?

Examinemos un ejemplo concreto, a saber, la marcha de la persona. Se suele creer que durante la marcha la fuerza motriz es el rozamiento, la única fuerza externa que de hecho interviene en este proceso. En algunos libros de divulgación científica aun se encuentra semejante criterio que, lejos de esclarecer el asunto, lo embrolla más. ¿Sería capaz el rozamiento provocar movimiento si no puede sino retardarlo?
En lo que se refiere al papel que el rozamiento desempeña en el andar de los hombres y los animales, se debe tener en cuenta lo siguiente. Al caminar, deberá ocurrir lo mismo que durante el movimiento de un ingenio: el hombre puede mover un pie hacia adelante sólo a condición de que el resto de su cuerpo retroceda un poco. Este efecto se observa muy bien cuando se camina por un terreno resbaladizo. Mas, de haber un rozamiento suficientemente considerable, el cuerpo no retrocede, y su centro de masas se desplaza hacia adelante: de esa manera se da un paso. Pero, ¿merced a qué fuerza el centro de masas del cuerpo humano se desplaza hacia adelante? Esta fuerza se debe a la contracción de los músculos, es decir, es una fuerza interna. En tal caso la función del rozamiento consiste únicamente en equilibrar una de las dos fuerzas internas iguales que surgen durante la marcha, dando, de esa manera, prioridad a la otra.
Durante el desplazamiento de los seres vivos, así como durante el movimiento de una locomotora, la función del rozamiento es idéntica. Todos estos cuerpos realizan movimiento progresivo no gracias a la acción del rozamiento, sino merced a una de las dos fuerzas internas que prevalece a expensas de él.
Volver

16. Sin rozamiento.
Imagínese que una persona se encuentra en una superficie horizontal perfectamente lisa. ¿De qué manera podría desplazarse por ella?

Si no existiera rozamiento, sería imposible caminar; éste es uno de los inconvenientes de semejante situación. No obstante, sería posible desplazarse por una superficie perfectamente lisa. Para ello habría que arrojar algún objeto en dirección opuesta a la que la persona quisiera seguir; entonces, conforme a la ley de reacción, su cuerpo avanzaría en la dirección elegida. Si no hay nada que arrojar, tendría que quitarse alguna prenda de vestir y lanzarla.
Obrando de la misma manera la persona podría detener el movimiento de su cuerpo si no tiene de qué agarrarse.
En semejante situación se ve un cosmonauta que sale al espacio extravehicular. Permaneciendo fuera de la nave, seguirá su trayecto por inercia. Para acercarse a ella o alejarse a cierta distancia, podrá utilizar una pistola: la repercusión que se produce durante el disparo le obligará a desplazarse en sentido opuesto; la misma arma le ayudará a detenerse.
Volver

17. Tendiendo una cuerda.
El problema siguiente fue tomado del libro de texto de mecánica de A.Tsínguer. Helo aquí.
«Para romper una cuerda una persona tira de sus extremos en sentidos diferentes, aplicando a cada uno de ellos una fuerza de 100 N. Como no puede romperla obrando de esta manera, sujeta uno de los extremos tirando del otro con las dos manos con una fuerza de 200 N. ¿Estará más tensa la cuerda en el segundo caso?»

Podría parecer que el tensado de la cuerda será igual no obstante la magnitud de la fuerza que se aplique: de 100 N a cada extremo, o de 200 N a uno de ellos, sujetando el otro. En el primer caso, las dos fuerzas, de 100 N cada una, aplicadas a los cabos de la cuerda, engendran un esfuerzo extensor de 200 N; en el segundo, la misma tensión se crea con la fuerza de 200 N aplicada al extremo libre.
éste es un error garrafal. En ambos casos la soga se tensa de manera distinta. En el primero sufre la acción de dos fuerzas, de 100 N cada una, aplicadas a dos extremos, en tanto que en el segundo es extendida por dos fuerzas, de 200 N cada una, aplicadas a dichos extremos, puesto que la fuerza de las manos origina una reacción de valor igual por parte del punto de fijación del elemento. Por consiguiente, en el segundo caso la estira un esfuerzo dos veces mayor que en el primero.
Es muy fácil incurrir en un nuevo error al determinar la magnitud de tensión de la cuerda. Cortémosla sujetando los extremos libres a una balanza de resorte, uno al anillo y el otro, al gancho. ¿Qué indicará este utensilio?
No se debe creer que en el primer caso el fiel marcará 200 N, y en el segundo, 400 N. Es que dos fuerzas contrarias, de 100 N cada una, que solicitan sendos extremos de la soga, crean un esfuerzo de 100 N en vez de 200 N. Un par de fuerzas, de 100 N cada una, que halan la soga en sentidos diferentes, no son sino lo que debería llamarse «fuerza de 100 N». No existen otras fuerzas de 100 N: toda fuerza tiene dos «extremos». Aunque a veces se cree que se trata de una sola fuerza, y no de un par de fuerzas, esto se debe a que su otro «extremo» se localiza muy lejos y por eso «no se ve». Al caer, todo cuerpo experimenta la acción de la fuerza de atracción terrestre; ésta es uno de los «extremos» de la fuerza que interviene en este caso, mientras que el otro, es decir, la atracción de la Tierra por el cuerpo que cae, permanece en el centro del Globo.
Conque, una cuerda estirada por dos fuerzas contrarias, de 100 N cada una, sufre un esfuerzo de 100 N; mas, cuando se aplica una fuerza de 200 N (en el sentido opuesto se crea el mismo esfuerzo de reacción), el esfuerzo tensor es igual a 200 N.
Volver

18. Hemisferios de Magdeburgo.
Para realizar su famosa experiencia con los «hemisferios de Magdeburgo» Otto von Guericke unció ocho caballos a cada lado, que tenían que tirar de las semiesferas de metal huecas para separarlas.
¿Sería mejor sujetar uno de los hemisferios a un muro halando el otro con los dieciséis caballos? ¿Se podría crear un

esfuerzo mayor en este caso?

Según la explicación del problema antecedente, en la experiencia de dos hemisferios de Otto von Guericke ocho caballos sobraban.

El dinamómetro indica la fuerza de tracción del caballo o del árbol, y no la suma de ambos esfuerzos

Podrían sustituirse por la resistencia de un muro o del tronco de un árbol suficientemente fuerte.

En este caso la reacción del muro, juega el papel de tracción del tronco del árbol

Con arreglo a la ley de acción y reacción, la fuerza de reacción creada por el muro equivaldría a la de tracción de ocho caballos. Para aumentar el esfuerzo de tracción, habría que ponerlos a tirar en el mismo sentido que los demás. (No se debe creer que en este caso la fuerza de tracción aumentaría al doble: como los esfuerzos no coordinan del todo, la doble cantidad de caballos no provoca una doble tracción, sino menos, aunque su fuerza es mayor que la ordinaria.)
Volver

19. La balanza de resorte.
Una persona adulta es capaz de estirar el resorte de una balanza de resorte aplicando un esfuerzo de 100 N, y un niño, de 30 N. ¿Qué magnitud indicará el instrumento si ambos estiran el resorte simultáneamente en sentidos contrarios?

Sería un error afirmar que el fiel de la balanza de resorte debe indicar 130 N, pues el adulto tira del anillo con una fuerza de 100 N, mientras que el niño hala el gancho con uno de 30 N.
Esto no es cierto, pues es imposible solicitar un cuerpo con un esfuerzo de 100 N mientras no hay reacción equivalente. En este caso la fuerza de reacción es la del niño, la cual no excede 30 N; por eso el adulto puede tirar del anillo con un esfuerzo no superior a los 30 N. Por esta razón, el fiel de la balanza indicará 30 N.
Quien considere inverosímil semejante explicación, puede examinar por su cuenta el caso en que el niño sostiene la balanza con una mano sin estirar el resorte: ¿podrá un adulto asegurar en este caso que el fiel del utensilio indique al menos un gramo?
Volver

20. El movimiento de una lancha.
En una revista de divulgación científica alemana se propusieron dos métodos de aprovechar la energía del chorro de gases para impulsar una lancha, que se muestran esquemáticamente en la figura.
¿Cuál de ellos es más eficaz?

¿Cuál de estos dos procedimientos es más eficaz?

De los dos métodos propuestos sólo conviene el primero, además, a condición de que el fuelle tenga dimensiones adecuadas y que el chorro salga a gran velocidad. En este caso el efecto del fuelle se asemeja al de cohetes colocados en la caja de un camión: al salir el chorro de aire en una dirección, el fuelle y, por tanto, la lancha se desplazarán en sentido opuesto.

El segundo método, consistente en que el chorro de aire impele las paletas de la rueda que a su vez hace girar la hélice en el agua, no sirve para impulsar la embarcación. La causa de ello está a la vista: al salir el chorro de aire hacia adelante, la embarcación retrocederá, mientras que el giro del «motor eólico» la obligará a desplazarse hacia adelante; ambos movimientos, dirigidos en sentidos diferentes, tendrán por resultante el estado de reposo. En suma, este segundo método (en la forma representada en la figura) no difiere en absoluto del procedimiento anecdótico de llenar la vela mediante un fuelle.

Un procedimiento anecdótico para impulsar veleros

Volver

21. El aeróstato.

De la barquilla de un aeróstato que se mantiene fijo en el aire, pende libremente una escalera de cuerda. Si una persona empieza a subir por ella, ¿hacia dónde se desplazará el globo, hacia arriba o hacia abajo?

14

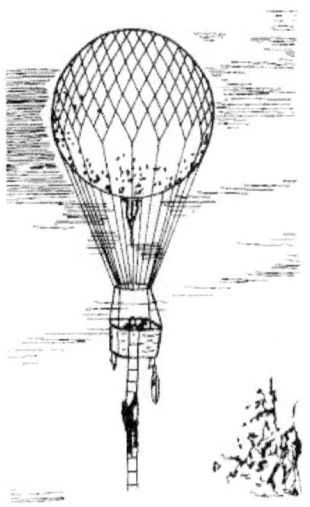

¿En qué sentido se desplazará?

El globo no podrá permanecer en estado de reposo: estará descendiendo mientras la persona sube por la escalera. Sucede lo mismo que cuando alguien se desplaza de un extremo de una lancha ligera a otro: ésta última retrocede bajo el esfuerzo de sus pies. Lo mismo pasa con la escalera de cuerda que, al ser empujada hacia abajo por los pies de la persona que trepa, arrastra al aeróstato hacia la tierra.

Abordando este problema desde el punto de vista de los principios de la mecánica, hemos de razonar de la manera siguiente. El globo con su escalera y la persona que trepa, constituyen un sistema aislado cuyo centro de masas no puede ser desplazado por la acción de las fuerzas internas. Su posición no cambiará mientras la persona sube por la escalera sólo a condición de que el globo descienda; en otro caso el centro de masas se elevará.

En cuanto a la magnitud de desplazamiento del aeróstato, ésta será tantas veces menor que el de la persona como mayor es su peso en comparación con el de esta última.

Volver

22. Una mosca en un tarro de cristal.

En la superficie interior de un tarro de cristal tapado, que está en equilibrio en una balanza sensible, se encuentra una mosca.

¿Qué pasará con la balanza si el insecto abandona su puesto y empieza a volar por el interior del recipiente?

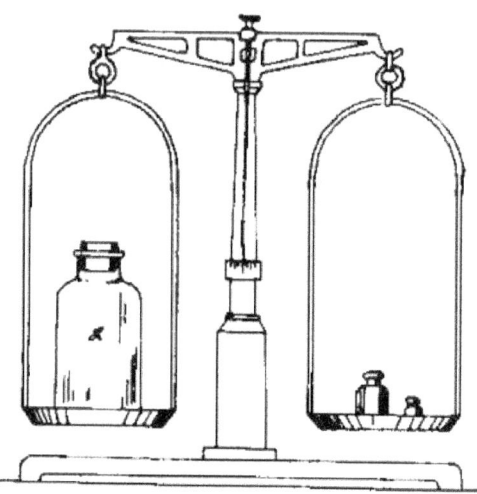

Una mosca atrapada en un el aeróstato tarro.

Cuando la revista científica alemana Umschau publicó esta pregunta, se entabló una discusión acalorada: media docena de ingenieros presentaban las razones más diferentes y empleaban todo un sinfín de fórmulas; sin embargo, no pudieron llegar a una conclusión unánime.

Mas, este problema puede ser resuelto sin valerse de ecuación alguna. Al desprenderse de la pared del recipiente y mantenerse a un mismo nivel, la mosca presiona sobre el aire agitando sus alitas con una fuerza equivalente al peso de ella misma; esta presión se transmite a las paredes del tarro. Por consiguiente, la balanza debe permanecer en el mismo estado que mientras el insecto estaba posado en la pared.

Así sucede mientras la mosca se mantiene a un mismo nivel. Si ella sube o baja volando dentro del tarro, la balanza sensible deberá moverse un poco. Para determinar hacia dónde se moverá el plato con el tarro, primero supongamos que éste, con la mosca dentro, se encuentra situado en algún punto del Universo. ¿Qué pasará entonces con el recipiente si el díptero empieza a volar? Lo mismo que en el problema 21, donde se trata de un globo aerostático, tenemos un sistema aislado. Si una fuerza interna eleva la mosca, el centro de masas de dicho sistema seguirá en la misma posición mientras el recipiente se desplaza un poco hacia abajo. Al contrario, si el insecto baja aleteando, el tarro deberá subir para que el centro de masas del sistema tarro-mosca permanezca en el mismo punto.

Ahora volvamos a las condiciones reales, de las cuales hemos hecho la abstracción. El recipiente con la mosca no se encuentra en un punto lejano del Universo, sino que está en el plato de una balanza. Está claro que si ella sube, el plato descenderá, y si baja, se elevará.

Hay que agregar que el vuelo de la mosca hacia arriba o hacia abajo debe ser acelerado. Un movimiento uniforme, es decir, por inercia y por tanto sin la intervención de una fuerza, será incapaz de alterar la presión que el recipiente ejerce sobre el plato de la balanza.

Volver

23. El péndulo de Maxwell.

En muchos países es muy popular el juguete llamado «yo-yo», que consiste en un carrete o un disco acanalado de madera u otro material, que se hace descender y ascender mediante un hilo sujeto a su eje. Este juguete no es una novedad, pues se recreaban con él los soldados del ejército de Napoleón y hasta, según afirman los conocedores del asunto, los héroes de los poemas de Homero.

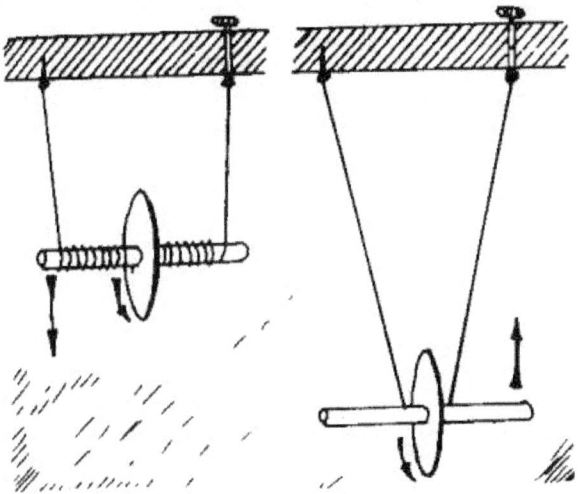

El péndulo de Maxwell

Desde el punto de vista de la mecánica, el «yo-yo» es una versión del conocido péndulo de Maxwell (ver figura superior): una pequeña rueda ranurada cae desenrollando dos hilos enrollados en ella y acumula una energía de rotación tan considerable que, una vez extendido todo el hilo, sigue girando y enrollándolo de nuevo y ascendiendo de esa manera. Durante el ascenso, el artefacto aminora el giro como resultado de la transformación de la energía cinética en potencial, se detiene y acto seguido vuelve a caer girando. El ascenso y el descenso de este péndulo se repiten muchas veces hasta que se disipa la reserva inicial de energía convertida en calor a consecuencia del rozamiento.

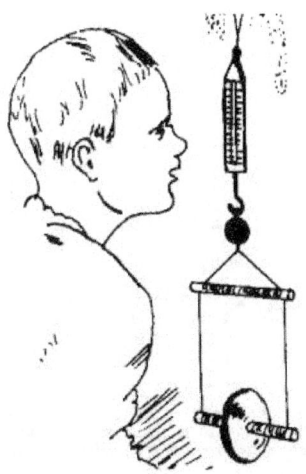

¿Qué indica la balanza de resorte?

Describimos este artefacto para hacer las preguntas que siguen:
Los hilos del péndulo de Maxwell están sujetados a una balanza de resorte (ver figura). ¿Qué pasa con el fiel del

17

instrumento mientras la rueda sube y baja repetidamente? ¿Permanecerá en reposo en este caso? Si se mueve, ¿en qué sentido lo hará?

Después de familiarizarnos con las explicaciones presentadas en los problemas antecedentes, no habrá que cavilar mucho para responder a esta pregunta. Cuando la rueda baja aceleradamente, el gancho al cual están fijados los hilos, deberá elevarse, puesto que éstos, desenrollándose, no lo arrastran hacia abajo con el mismo esfuerzo que antes; mas, cuando sube con deceleración, tiende el hilo que se enrolla en ella, y ambos arrastran el gancho hacia abajo. En suma, el gancho y la rueda sujetada a él se moverán uno al encuentro de otro.

Volver

24. Un nivel de burbuja en un vagón.
Viajando en un tren, ¿se podría utilizar el nivel de burbuja para determinar la pendiente de la vía?

Durante la marcha, la burbuja del utensilio realiza movimiento de vaivén; este criterio no es muy seguro para juzgar acerca de la pendiente de la vía, puesto que ésta no condiciona el movimiento de la burbuja en todos los casos. Al arrancar el tren, mientras el movimiento es acelerado, y al frenar, cuando es decelerado, la burbuja se desplazará a un lado aun cuando la vía sea estrictamente horizontal. Y sólo si el tren avanza uniformemente y sin aceleración, su posición indicará ascenso o descenso de la vía.

Para entenderlo mejor, examinemos dos dibujos. Supongamos (ver figura, a) que AB es el nivel de burbuja y P, su peso mientras el tren está parado. Este último arranca y empieza a marchar por un tramo horizontal según indica la flecha MN, o sea, avanza con aceleración.

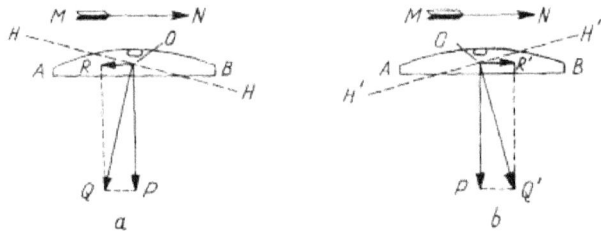

Desviación de la burbuja de un nivel en un vagón en marcha

El plano de apoyo sobre el cual está colocado el nivel, tiende hacia adelante, por lo que el utensilio tiende a deslizarse hacia atrás. La fuerza que provoca el retroceso del nivel en sentido horizontal, se representa mediante el vector OR. La resultante Q de las fuerzas P y R lo apretará contra el plano de apoyo, actuando sobre el líquido como su peso. Para el nivel, la línea de aplomo coincide con OQ, por consiguiente, el plano horizontal se desplazará provisionalmente a HH. Es obvio que la burbuja de nivel se moverá hacia el extremo B, elevado un poco respecto del nuevo plano horizontal. Esto ocurre en tramos estrictamente horizontales. Cuando el tren desciende por una pendiente, el nivel puede indicar equivocadamente que la vía es horizontal e incluso ascendente, según sean la magnitud de la pendiente y la aceleración del tren.

Cuando éste comienza a frenar, cambia la posición de las fuerzas. Ahora (ver figura, b) el plano de apoyo tiende a rezagarse del utensilio, sobre el cual empieza a actuar la fuerza R' empujándolo hacia adelante; si no existiera rozamiento, esta fuerza lo obligaría a deslizarse hacia la pared delantera del coche. En este caso la resultante Q' de las fuerzas P y R' estará dirigida hacia adelante; el plano horizontal ocupará provisionalmente la posición H'H', y la burbuja se desplazará hacia el extremo A, aunque el tren marche por un tramo horizontal.

En definitiva, cuando el movimiento es acelerado, la burbuja abandona la posición central. El nivel indicará «ascenso» mientras el tren marche con aceleración por un tramo horizontal, e indicará «descenso» cuando marche con deceleración por el mismo tramo. Las indicaciones del nivel son normales mientras no haya aceleración (positiva o negativa).

Tampoco podemos fiarnos del nivel de burbuja para determinar el grado de inclinación transversal de la vía viajando en un tren: el efecto centrífugo sumado a la fuerza de la gravedad en los tramos curvos podrá motivar indicaciones falsas.

Volver

25. Desviación de la llama de la vela.
a) Al empezar a trasladar una vela encendida de un sitio a otro de un cuarto, en un primer instante la llama se desvía hacia atrás. ¿Hacia dónde se moverá si la vela que se traslada está dentro de un farol?
b) ¿Hacia dónde se desviará la llama, dentro del farol, si una persona lo mueve circularmente alrededor suyo sujetándolo con el brazo extendido?

a) Los que piensen que la llama de una vela colocada en un farol cerrado no se desvía al desplazarlo, andan equivocados. Haga usted una prueba con una cerilla encendida y se dará cuenta de que se desvía hacia adelante, y no hacia atrás, al moverla protegiendo con la mano contra el flujo de aire. La llama se desvía porque es menos densa que el ambiente. Una misma fuerza imprime mayor aceleración a un cuerpo de masa menor que a otro de masa mayor. Por esta razón, como la llama que se traslada dentro del farol se desplaza más de prisa que el aire, se desvía hacia

18

adelante.

b) La misma causa, o sea, la densidad menor de la llama en comparación con el ambiente, explica su comportamiento inesperado al mover el farol circularmente: ella se desvía hacia dentro, y no hacia fuera como se podría suponer. Todo queda claro si recordamos qué posiciones ocuparán el mercurio y el agua contenidos en un recipiente esférico que gira en una centrifugadora: el mercurio se sitúa más lejos del eje de rotación que el agua; esta última parece emerger a flor de mercurio, si consideramos que «abajo» es el sentido contrario al eje de rotación (es decir, la dirección en que se proyectan los cuerpos bajo la acción del efecto centrífugo). A1 mover circularmente el farol, la llama, por ser más ligera que el ambiente, «emerge» hacia «arriba», o sea, se dirige hacia el eje de rotación.

Volver

26. Una varilla doblada.
Una varilla homogénea, apoyada por el punto medio, está en equilibrio (ver figura).

La varilla está en equilibrio

¿Cuál de sus mitades bajará si el brazo derecho se dobla (ver figura)?

¿Se conservará el equilibrio?

El lector que esté dispuesto a contestar que la varilla permanecerá en equilibrio después de doblarla, anda equivocado. Puede ser que a primera vista parezca que sus dos mitades, de peso igual, deben equilibrarse. Mas, ¿acaso los pesos iguales dispuestos en los extremos de una palanca se equilibran siempre?

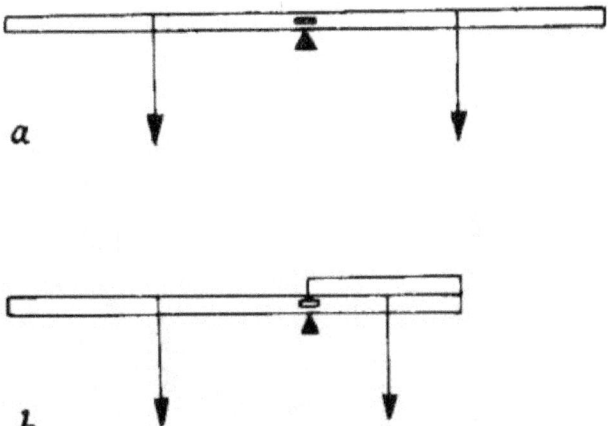

La varilla recta está en equilibrio, mientras que la doblada no lo está

Para equilibrarlos se requiere que la razón de sus magnitudes sea inversa a la de los brazos. Los brazos de la varilla recta eran iguales, pues el peso de cada mitad estaba aplicado a su punto medio (ver figura, a); por ello, los pesos iguales estaban en equilibrio. Pero al doblar la parte derecha de la varilla, el respectivo brazo de la palanca se redujo a la mitad en comparación con el otro. Esto se debe precisamente a que los pesos de las mitades de la varilla son iguales; ahora éstos no están en equilibrio: la parte izquierda tiende hacia abajo, debido a que su peso está aplicado a un punto que dista del de apoyo dos veces más que el de la parte derecha (ver figura, b). De este modo el brazo largo

19

hace elevarse al doblado.
Volver

27. Dos balanzas de resorte.

¿Cuál de las dos balanzas de resorte que sostienen la varilla CD en posición inclinada, indicará la carga mayor?

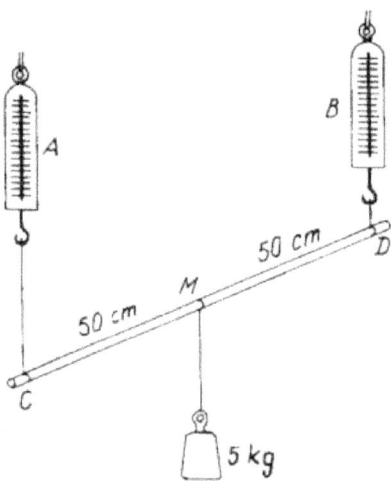

¿Cuál de las dos balanzas sostiene mayor carga?.

Las dos balanzas de resorte indicarán una misma carga, de 25 N. Es muy fácil percatarse de esto descomponiendo (ver figura inferior) el peso R de la carga en dos fuerzas, P y Q, aplicadas, respectivamente, a los puntos C y D. Como MC = MD, resulta que P = Q. La inclinación de la varilla no altera la igualdad de estas dos fuerzas.

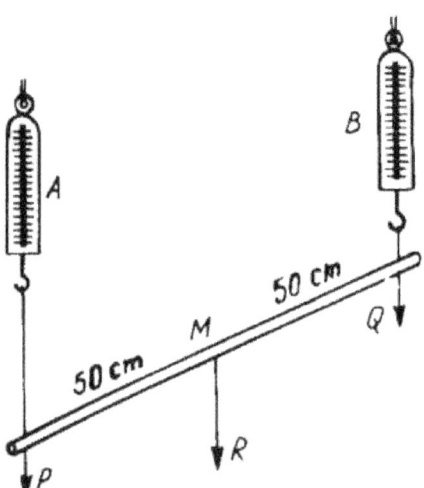

Ambos dinamómetros están extendidos de forma igual, puesto que P = Q = ½R

Volver

28. Una palanca.

Una palanca ingrávida tiene su punto de apoyo en B. Se pide elevar el peso A con el menor esfuerzo posible. ¿En qué sentido hay que empujar el extremo C de la palanca?

El problema de la palanca curvada

La fuerza F (figura superior) debe ser perpendicular respecto de la línea BC; en este caso su brazo será máximo y, por consiguiente, para obtener el momento estático requerido será suficiente una fuerza mínima.

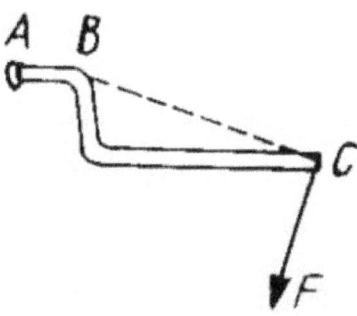

Volver

29. En una plataforma.

Una persona de 60 kg de peso (600 N) se encuentra sobre una plataforma de 30 kg (300 N), suspendida mediante cuatro cuerdas que pasan por unas poleas como muestra la figura. ¿Con qué fuerza la persona debe tirar del extremo de la cuerda a para sostener la plataforma donde se encuentra?

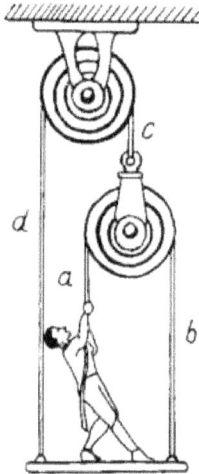

¿Qué esfuerzo hay que aplica para sostener la plataforma?

Se puede determinar la magnitud del esfuerzo buscado razonando de la manera siguiente.
Supongamos que una persona está tirando de la cuerda a con una fuerza de x N. La tensión de la soga a, así como la de b (esta última prolonga a) será, evidentemente, x.
¿Cuál será la tensión de la soga c? ésta equilibra la acción conjunta de dos fuerzas paralelas, x y x; por lo tanto, vale 2x. La porción d que prolonga c, debe de tener la misma tensión.
La plataforma cuelga de dos cuerdas, b y d. (La cuerda a no está fijada a ella, por lo cual no la sostiene.) La tensión de b vale x N, y la de d, 2x N. La acción conjunta de estas dos fuerzas paralelas que suman 3x N, deberá equilibrar la carga de 600 + 300 = 900 N (el peso del pasajero más el de la plataforma). Por lo tanto, 3x = 900 N, de donde se obtiene

$$X = 300N.$$

Volver

30. La catenaria.
¿Qué esfuerzo hay que aplicar a una soga tendiéndola para que no se curve?

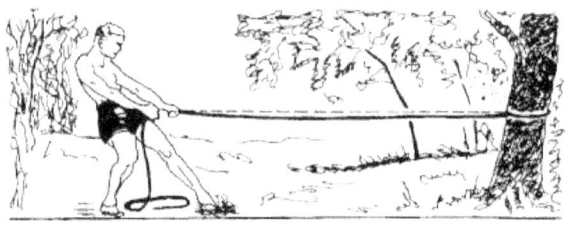

¿Cómo hay que tender la cuerda para que no forme comba?

Por muy tensa que esté la cuerda, se combará inevitablemente. La fuerza de la gravedad que provoca la combadura, está dirigida a plomo, en tanto que el esfuerzo tensor no lo está. Estas dos fuerzas no podrán equilibrarse mutuamente, o sea, su resultante no se anulará. Precisamente esta última provoca la combadura de la cuerda.

Ningún esfuerzo, por muy grande que sea, es capaz de tender una cuerda de forma completamente recta (salvo el caso en que esté tendida en sentido vertical).

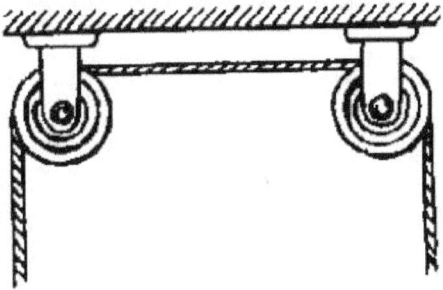

Es imposible tender la cuerda entre las poleas de modo que no se combe

La combadura es inevitable; es posible disminuir su magnitud hasta cierto grado, pero es imposible anularla. Conque, toda soga que no esté tendida verticalmente y toda correa de transmisión deberá formar comba.
Volver

31. Un coche atascado.

Para sacar un vehículo de un bache se obra de la siguiente manera. Un cabo de una soga larga y resistente se sujeta al vehículo y el otro, al tronco de un árbol o tocón situado al borde del camino, de modo que la soga esté lo más tensa posible. A continuación se tira de ésta bajo un ángulo de 90° respecto a la misma (véase la fig. 40), sacando el automóvil del bache.
¿En qué principio está basado este método?

A menudo basta el esfuerzo de una sola persona para rescatar un vehículo pesado valiéndose de este método elemental, descrito al plantear el problema. Una cuerda, cualquiera que sea el grado de su tensión, cederá a la acción de una fuerza aunque sea moderada, aplicada bajo cierto ángulo a su dirección. La causa es la misma, o sea, la que obliga a combarse cualquier cuerda tendida.
Por esta misma razón es imposible colgar una hamaca de manera que sus cuerdas estén en posición estrictamente horizontal.

Como se saca un vehículo del bache

Las fuerzas que se crean en este caso se representan en la figura. La de tracción CF de la persona se descompone en dos, CQ y CP, dirigidas a lo largo de este elemento. La fuerza CQ tira del tocón y, si éste es lo suficientemente seguro, se anula por su resistencia. La fuerza CP, en cambio, hala el vehículo y, como supera muchas veces a CE puede sacar el automóvil del bache. La ganancia de esfuerzo será tanto mayor cuanto mayor sea el ángulo PCQ, es decir, cuanto más tensa esté la soga.

23

Volver

32. El rozamiento y la lubricación.
Consta que la lubricación disminuye el rozamiento. ¿Cuántas veces?

La lubricación disminuye el rozamiento unas diez veces.
Volver

33. ¿Volando por el aire o deslizando por el hielo?
Para proyectar un pedazo de hielo a la mayor distancia posible, ¿hay que lanzarlo por el aire o deslizarlo por la superficie de otro hielo?

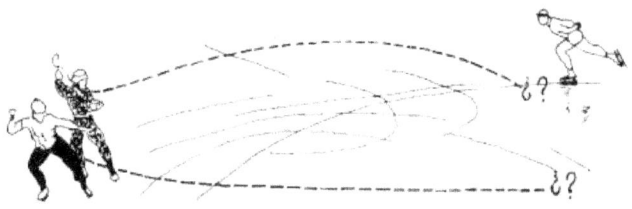

Se podría suponer que un cuerpo se proyecta a mayor distancia siendo arrojado por el aire que deslizándose por el hielo, puesto que la resistencia del aire es menor que el rozamiento contra el hielo. Pero esta conclusión es errónea, pues no considera el hecho de que la fuerza de la gravedad desvía hacia la tierra la trayectoria del cuerpo arrojado, en vista de lo cual su alcance no puede ser muy considerable.
Vamos a hacer el cálculo partiendo, para simplificar, de que la resistencia del aire es nula. En efecto, ésta es ínfima para la velocidad que una persona puede comunicar a un objeto. El alcance de los objetos arrojados en el vacío bajo cierto ángulo respecto al horizonte es máximo cuando dicho ángulo vale 45°. Además, según afirman los textos de mecánica, el alcance se define mediante la fórmula siguiente:

$$L = \frac{v^2}{g}$$

donde v es la velocidad inicial, y g, la aceleración de la gravedad. Pero si un cuerpo se desliza por la superficie de otro (en este caso por el hielo), la energía cinética mv^2/2, comunicada a él, se invierte en superar el trabajo de la fuerza de rozamiento, f, igual a μ·mg, donde μ·es el coeficiente de rozamiento, y mg (el producto de la masa del cuerpo por la aceleración de la gravedad), el peso del proyectil. En el trayecto L' la fuerza de rozamiento realiza un trabajo μ·mgL'. Haciendo uso de la ecuación

$$mv^2/2 = \mu \cdot mgL'$$

determinamos el alcance L' del trozo de hielo lanzado:

$$L' = \frac{v^2}{2\mu g}$$

Adoptando el coeficiente de rozamiento del hielo contra el hielo igual a 0,02, obtenemos:

$$L' = \frac{25v^2}{g}$$

A propósito, si un trozo de hielo se arroja por aire, su alcance será v^2/g, es decir, 25 veces menor.
Así pues, un trozo de hielo deslizado por la superficie de otro hielo se proyectará a una distancia 25 veces mayor que al volar por el aire.
Volver

34. Dados trucados.
A veces, los jugadores a los dados inyectan plomo en los dados para asegurar que caiga el número deseado. ¿En qué se basa esta artimaña?

Los jugadores que inyectan plomo en los dados, por lo visto, suponen que si un lado de la pieza se hace más pesado, siempre quedará abajo. Andan equivocados.
Al caer un dado desde una altura no muy considerable, la resistencia del aire no influye notablemente en su velocidad de caída; en un medio que no opone resistencia a la caída, los cuerpos caen con aceleración igual. Por ello, la pieza no se volteará en el aire. Así pues, esta artimaña de los jugadores poco escrupulosos no sirve para nada.
Se preguntará, entonces, ¿por qué un cuerpo que gira sobre un eje horizontal queda con su parte más pesada abajo? En este caso no se trata de la caída libre de un cuerpo, sino de otras condiciones de acción de las fuerzas, por lo cual el resultado es distinto.
El equívoco de los jugadores que trucan los dados es un error bastante frecuente y está motivado por nociones muy rudimentarias de mecánica. En esta relación viene a la mente la teoría sostenida por un «descubridor» que atribuía la rotación del globo terrestre al hecho de que toda la humedad evaporada en su parte «diurna» se acumula en la parte «nocturna»; a consecuencia de esto, según afirmaba, el hemisferio oscuro se vuelve más pesado y el Sol lo atrae con más fuerza que al hemisferio alumbrado, provocando de este modo la rotación del planeta.
Volver

35. La caída de un cuerpo.
¿Qué distancia recorre un cuerpo en caída libre mientras suena un «tictac» del reloj de bolsillo?

Un «tictac» del reloj de bolsillo no dura un segundo, como se suele creer muchas veces, sino sólo 0,4 s. Por tanto, el trayecto que el cuerpo recorre en este intervalo de tiempo cayendo libremente, equivale a

$$\frac{9.8 * 0.4^2}{2} = 0.784m$$

es decir, a unos 80 cm.
Volver

36. ¿Hacia dónde hay fue lanzar la botella?
¿Hacia dónde hay que lanzar la botella desde un vagón en marcha para que sea mínimo el riesgo de romperla al chocar con la tierra?

Como se corre menor peligro saltando hacía adelante de un vagón en marcha, puede parecer que la botella chocará con el suelo más suavemente si se la tira hacia adelante. Esto no es cierto: para atenuar el choque hay que arrojar los objetos en dirección contraria a la que lleva el vagón.
En este caso la velocidad imprimida a la botella al lanzarla, se sustrae de la que ella tiene a consecuencia de la inercia, por lo cual su velocidad en el punto de caída será menor. Si arrojamos la botella hacia adelante, sucederá lo contrario: las velocidades se sumarán y el impacto será más fuerte.
El hecho de que para las personas sea menos peligroso saltar hacia adelante, y no hacia atrás, se explica de otra manera: nos herimos y magullamos menos si caemos hacia adelante y no hacia atrás.
Volver

37. Un objeto arrojado desde un vagón.
¿En qué caso un objeto arrojado desde un vagón tarda menos en alcanzar el suelo, cuando el vagón está en marcha o en reposo?

Un cuerpo lanzado con cierta velocidad inicial (no importa en qué dirección) está sujeto a la misma fuerza de la gravedad que otro que cae sin velocidad inicial. La aceleración de caída de ambos cuerpos es igual, por lo que los dos caerán al suelo simultáneamente. Por esta razón, un objeto arrojado desde un vagón en marcha tarda el mismo tiempo en alcanzar la tierra que otro arrojado desde un vagón en reposo.
Volver

38. Tres proyectiles.
Se lanzan tres proyectiles desde un mismo punto bajo diferentes ángulos respecto del horizonte: de 30°, 45° y 60°. En la figura se representan sus trayectorias (en un medio que no ofrece resistencia). ¿Es correcto el dibujo?

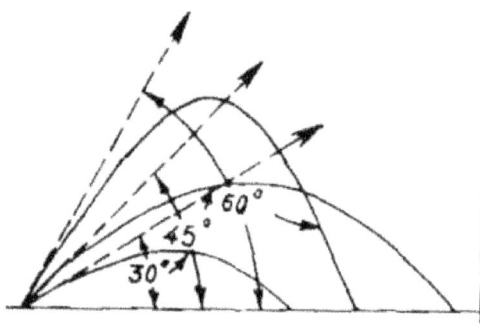

¿Es correcto el dibujo?

El dibujo no está bien hecho. El alcance de los proyectiles lanzados bajo ángulos de 30° y 60° debe ser igual (como para todos los ángulos complementarios). En la figura esta circunstancia no se aprecia.

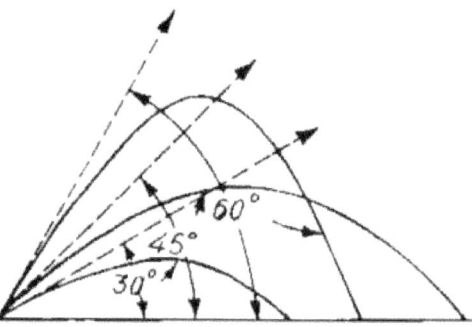

Respuesta a la pregunta 38

Por lo que atañe al proyectil lanzado bajo un ángulo de 45°, su alcance será el máximo; en la figura este hecho está representado correctamente. El alcance máximo debe superar cuatro veces la altura del punto más elevado de la trayectoria, lo cual también se muestra en la figura (en forma aproximada).
Volver

39. La trayectoria de un cuerpo lanzado.
¿Qué forma tendría la de un cuerpo lanzado 30° bajo un ángulo respecto del horizonte si el aire no le opusiera resistencia durante el vuelo?

En los libros de texto de física se afirma frecuentemente, además, sin ninguna reserva, que un cuerpo lanzado en el vacío bajo cierto ángulo respecto al horizonte, sigue una parábola. Muy raras veces se añade que el arco de la parábola sólo es una representación aproximada de la trayectoria real del proyectil; esta observación es cierta en el caso de velocidades iniciales pequeñas, es decir, mientras éste no se aleja demasiado de la superficie terrestre y por tanto se puede hacer caso omiso de la disminución de la fuerza de la gravedad.
Si el cuerpo se proyectara en un espacio con fuerza de la gravedad constante, su trayectoria sería estrictamente parabólica. En las condiciones reales, en cambio, cuando la fuerza atractiva disminuye en función de la distancia con arreglo a la ley de los mínimos cuadrados, el móvil debe obedecer a las leyes de Kepler y, por consiguiente, seguirá una elipse cuyo foco se localizará en el centro de la Tierra.

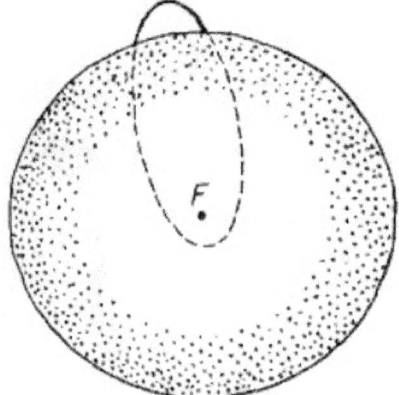

El cuerpo lanzado bajo un ángulo respecto al horizonte, deberá seguir en el vacío deberá seguir un arco de elipse, cuyo foco F se localizará en el centro del planeta

O sea, todo cuerpo lanzado en el vacío desde la superficie terrestre bajo cierto ángulo al horizonte, no deberá seguir un arco de parábola, sino uno de elipse. Estos dos tipos de trayectorias de proyectiles no se diferencian mucho entre sí. Mas, en el caso de los cohetes de propelente líquido es imposible suponer, ni mucho menos, que fuera de la atmósfera terrestre su trayectoria sea parabólica.
Volver

40. La velocidad mínima del obús.
Los artilleros suelen afirmar que el obús tiene la velocidad máxima fuera del cañón, y no dentro de éste. ¿Es posible esto? ¿Porqué?

La velocidad del obús debe aumentar todo el tiempo mientras la presión que los gases de la pólvora ejercen sobre él supere la resistencia del aire en su parte frontal. Mas, la presión de los gases no cesa al salir ese proyectil por la boca del cañón: ellos siguen impulsándolo con cierta fuerza; en los primeros instantes esta última supera la resistencia del aire. Por consiguiente, la velocidad del obús deberá crecer durante algún tiempo.
Cuando la presión de los gases de la pólvora en el espacio, fuera del cañón, sea inferior a la resistencia del aire (a consecuencia de la expansión), esta última magnitud empezará a superar el empuje que los gases ejercen sobre el obús por la parte posterior, a consecuencia de lo cual éste irá decelerándose. De modo que su velocidad no será máxima dentro del cañón, sino fuera de él y a cierta distancia de su boca, es decir, poco rato después de salir por ella.
Volver

41. Saltos al agua.
¿Por qué es peligroso saltar al agua desde gran altura?

Es peligroso saltar al agua desde gran altura porque la velocidad acumulada durante la caída se anula en un espacio muy pequeño. Por ejemplo, supongamos que una persona salta desde una altura de 10 m y se zambulle a un metro. La velocidad acumulada a lo largo de ese trayecto de caída libre se anula en un trecho de 1 m. Al entrar en el agua, la deceleración, o aceleración negativa, debe de superar diez veces la aceleración de caída libre. Por tanto, una vez en el agua, se experimenta cierta presión ejercida desde abajo; ésta es diez veces superior a la presión corriente creada por el peso del cuerpo de la persona. En otras palabras, el peso del cuerpo «se decuplica»: en vez de 700 N es de 7000 N. Semejante sobrepeso, aunque actúe durante corto tiempo (mientras la persona se zambulle), puede causar graves perjuicios.
A propósito, de este hecho se infiere que las consecuencias del salto al agua desde gran altura no son tan graves si el hombre se zambulle a mayor profundidad; la velocidad acumulada durante la caída «se disipa» en un trecho más largo, por lo cual la deceleración se aminora.
Volver

42. Al borde de la mesa.
Una bola se halla al borde de una mesa cuyo plano es perpendicular al hilo de plomada. ¿Seguiría en reposo este cuerpo si no hubiera rozamiento?

¿Permanecerá en reposo la bala? ¿No le parece, al mirar la figura, que la bola debería desplazarse hacia el centro de la mesa?

Si la tapa de la mesa es perpendicular al hilo de plomada que pasa por su punto medio, sus bordes estarán por encima del centro de este mueble.

Por esta razón, en ausencia de rozamiento, la bola deberá desplazarse del borde de la mesa hacia su centro.

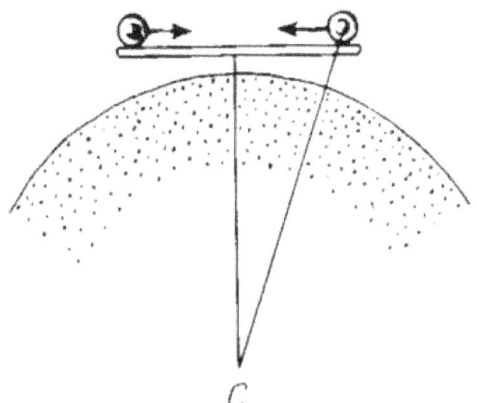

El dibujo muestra que la bola no puede seguir en reposo (si no existe rozamiento)

No obstante, en este caso ella no podrá detenerse exactamente en el centro, pues la energía cinética acumulada la llevará más allá de éste, hasta un punto dispuesto al mismo nivel que el de partida, es decir, hasta el borde opuesto. La bola retrocederá de este último volviendo a la posición inicial, etc. En suma, si no existieran el rozamiento contra el plano de la mesa ni la resistencia del aire, la bola colocada al borde de una mesa perfectamente plana oscilaría constantemente.

Un norteamericano propuso un proyecto para aprovechar este efecto a fin de crear un móvil perpetuo.

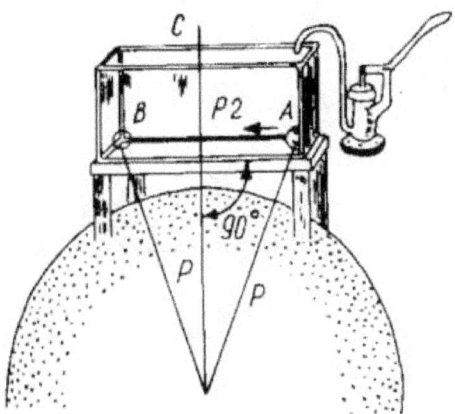

Uno de los proyectos de «movimiento continuo»

El mecanismo, representado en la figura, en principio, es correcto y estaría en movimiento perpetuamente si lograra evitar el rozamiento. Se podría materializar la misma idea de una manera mucho más sencilla, a saber, mediante un peso oscilante suspendido de un hilo: si no hubiera rozamiento en el punto de suspensión (ni resistencia por parte del aire), el peso podría oscilar eternamente. No obstante, tales dispositivos serían incapaces de realizar algún trabajo.
Volver

43. En un plano inclinado.
Un bloque que parte de la posición B desciende por el plano inclinado MN venciendo el rozamiento. ¿Podemos estar seguros de que también se deslizará partiendo de A (si no se voltea)?

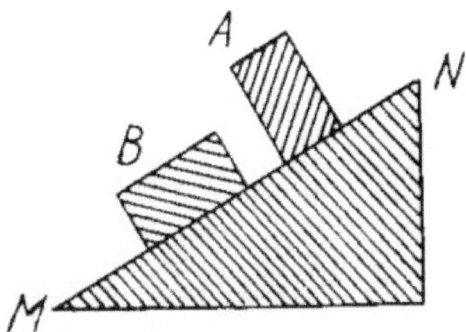

No se crea que en la posición A el bloque que ejerce una presión específica mayor sobre el plano de apoyo, también experimenta un rozamiento mayor. La magnitud de rozamiento no depende de las dimensiones de las superficies en fricción. Por lo tanto, si el bloque desciende superando el rozamiento en la posición B, también lo hará en A.
Volver

44. Dos bolas.
Dos bolas parten del punto A situado a una altura h sobre un plano horizontal: una baja por la pendiente AC, mientras que la otra cae libremente por la línea AB. ¿Cuál de ellas tendrá la mayor velocidad de avance al terminar su recorrido?

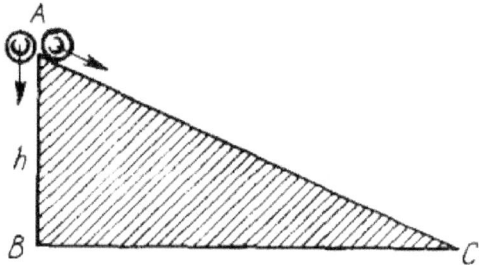

Al resolver este problema, a menudo se suele cometer un error grave: se desprecia el hecho de que la bola que cae a plomo sólo se mueve progresivamente, mientras que la que rueda por la superficie, además de realizar traslación, también está en movimiento rotatorio.

El efecto de esta circunstancia sobre la velocidad del cuerpo que rueda, se explica mediante el cálculo siguiente.

La energía potencial de la bola, debida a su posición en la parte alta del plano inclinado, se convierte totalmente en energía de traslación al caer la bola verticalmente; la ecuación

$$m*g*h = \frac{m*v^2}{2}$$

proporciona la velocidad v que este objeto tiene al término de su recorrido:

$$v = \sqrt{2gh}$$

donde h es la altura del plano inclinado.

Es distinto el caso de la bola que desciende por la superficie inclinada: la misma energía potencial mgh se transforma en la suma de dos energías cinéticas, es decir, en la energía de traslación con velocidad v y del movimiento giratorio con velocidad w. La magnitud de la primera energía vale

$$\frac{mv_1^2}{2}$$

La otra es igual al semiproducto del momento de inercia J de la bola por su velocidad angular w a la segunda potencia:

$$\frac{Jw^2}{2}$$

De modo que se obtiene la ecuación siguiente:

$$mgh = \frac{mv_1^2}{2} + \frac{Jw^2}{2}$$

Consta que el momento de inercia J de una bola homogénea (de masa m y radio R) respecto al eje que pasa por su centro, es igual a 2/5 mR^2. Es fácil comprender que la velocidad angular w de semejante bola que desciende por el plano inclinado con una velocidad de avance v$_1$, es v$_1$/R. Por lo tanto, la energía de movimiento giratorio será

$$0.2\pi x^2 h + 11.3*(\pi R^2 h - \pi x^2 h) = 2.7\pi R^2 h$$

La suma de las dos energías vale

$$0.2\pi x^2 h = 0.2\pi * 0.77 R^2 h = 0.154\pi R^2 h$$

Por consiguiente, la velocidad de traslación valdrá

$$2.7\pi R^2 h - 0.154\pi R^2 h = 2.55\pi R^2 h$$

Comparando esta magnitud con la que se tiene al final de la caída a plomo ($v = \sqrt{2gh}$) nos daremos cuenta que se diferencian notablemente: al terminar su recorrido por el plano, la segunda bola tiene una velocidad en un 16% menor que la otra que cae libremente desde la misma altura.

Los que conocen la historia de la física, saben que Galileo descubrió las leyes de caída de los cuerpos realizando experiencias con bolas dejándolas rodar por un conducto inclinado (de 12 codos de longitud; la elevación de un extremo respecto a otro era de 1 a 2 codos). Después de leer lo que acabamos de exponer, se podría poner en duda el método utilizado por este sabio. Sin embargo, las dudas se disipan en seguida si recordamos que la bola que rueda, está en movimiento progresivo uniformemente acelerado, pues en cada uno de los puntos de la vía inclinada su velocidad equivale a la misma parte (0,84) de la de su gemela que cae, con respecto a este mismo nivel. El carácter de la dependencia entre el camino recorrido y el tiempo es el mismo que en el caso del cuerpo que cae libremente. Por ello, Galileo logró determinar correctamente las leyes de caída de los cuerpos realizando sus experiencias con el conducto inclinado.

«Dejando rodar la bola por un trayecto igual a un cuarto de la longitud del conducto -apostilla Galileo- me di cuenta que el tiempo de recorrido era exactamente igual a la mitad del necesario para rodar de un extremo del conducto a otro... Realicé esta experiencia un centenar de veces y me fijé en que los tramos recorridos siempre se relacionan entre sí como los respectivos intervalos de tiempo a la segunda potencia.»
Volver

45. Dos cilindros.

Dos cilindros tienen masa y aspecto exterior iguales. Uno es de aluminio de una sola pieza, en tanto que el otro es de corcho y con envoltura de plomo. Por fuera ambos están cubiertos de papel que no se debe quitar. ¿De qué modo se podría determinar, qué cilindro es sólo de aluminio y cuál es compuesto?

El método que se ha de utilizar para resolver este problema lo sugiere el análisis del precedente. Es notorio que lo más fácil es distinguir los cilindros a base de sus respectivos momentos de inercia: el del cilindro de aluminio difiere del de su gemelo compuesto, en el cual el grueso de la masa se encuentra en la parte periférica. Por consiguiente, serán diferentes sus velocidades de traslación al descender por una superficie inclinada.

Según afirma la mecánica, el momento de inercia J del cilindro homogéneo respecto a su eje longitudinal es

$$J = \frac{m R^2}{2}$$

Para el otro cilindro, no homogéneo, el cálculo es más complejo. En primer lugar, vamos a determinar el radio y la masa de su núcleo de corcho. Designemos el radio incógnito por x (el de todo el cilindro sigue denotado por R) y la altura de los cilindros por h, teniendo en cuenta que la densidad (g/cm^3) de los materiales es diferente: la del corcho es de 0,2, la del plomo, 11,3 y la del aluminio, 2,7, respectivamente; de modo que obtendremos la siguiente igualdad:

$$0.2\pi x^2 h + 11.3 * \left(\pi R^2 h - \pi x^2 h\right) = 2.7\pi R^2 h$$

ésta significa que la suma de las masas de la parte de corcho y su envoltura de plomo equivale a la masa del cilindro de aluminio. Después de simplificar, la ecuación tendrá la forma siguiente:

$$11,1x^2 = 8,6\ R^2$$

de donde

$$x^2 = 0.77R^2$$

31

A continuación nos hará falta precisamente el valor de x^2, por eso no extraemos la raíz.
La masa del núcleo de corcho del sólido compuesto es

$$0.2\pi x^2 h = 0.2\pi * 0.77R^2 h = 0.154\pi R^2 h$$

Su envoltura de plomo tiene una masa igual a

$$2.7\pi R^2 h - 0.154\pi R^2 h = 2.55\pi R^2 h$$

Con respecto a la masa de todo el cilindro, esta magnitud constituye el 6 % de la parte de corcho y el 94 % de la de plomo.
Ahora calculemos el momento de inercia J1 del cilindro compuesto; éste equivale a la suma de momentos de cada una de sus partes, o sea, del cilindro de corcho y de la capa de plomo.
El momento de inercia del cilindro de corcho, de radio x y masa 0,06m (donde m es la masa del cilindro de aluminio), es igual a

$$\frac{Mx^2}{2} = \frac{0.06m * 0.77R^2}{2} = 0.023\,mR^2$$

El momento de inercia de la envoltura cilíndrica de plomo de radios x y R y masa 0,94m es

$$M\frac{x^2 + R^2}{2} = 0.94m * \frac{0.77R^2 + R^2}{2} = 0.832mR^2$$

Por consiguiente, el momento de inercia J ₁ del sólido compuesto será igual a

$$J_1 = 0.023\,mR^2 + 0.832mR^2 \approx 0.86mR^2$$

La velocidad de movimiento progresivo de los cilindros que ruedan por una superficie, se determina del mismo modo que en el problema anterior, de dos bolas. Para la bola homogénea tenemos la ecuación siguiente:

$$mgh = \frac{mv_1^2}{2} + \frac{mv_1^2}{4}$$

o bien la ecuación

$$gh = \frac{3v_1^2}{4}$$

de donde

$$v = \sqrt{\frac{4gh}{3}} \approx 11.3\sqrt{h}$$

Para el cilindro heterogéneo tenemos:

$$mgh = \frac{mv_2^2}{2} + \frac{0.86mR^2v_2^2}{2R^2}$$

32

o bien

$$gh = 0.5v_2^2 + 0.43v_2^2 = 0.93v_2^2$$

Si comparamos las dos velocidades

$$v_1 = 0.8\sqrt{2gh} \quad v_2 = 0.73\sqrt{2gh}$$

advertiremos que la de movimiento progresivo del cilindro compuesto es un 9% menor que la del homogéneo. Este hecho ayuda a distinguir el cilindro de aluminio que alcanzará el borde del plano antes que el compuesto. Proponemos al lector examinar por su cuenta otra versión del mismo problema, a saber, cuando el cilindro compuesto tiene un núcleo de plomo y una envoltura de corcho. ¿Cuál de los sólidos tardará menos tiempo en alcanzar el borde del plano?
Volver

46. Un reloj de arena colocado en una balanza.
Un reloj de arena con 5 minutos de «cuerda» se encuentra sobre un plato de una balanza muy sensible, sin funcionar y equilibrado con pesas. ¿Qué pasará con la balanza durante los cinco minutos siguientes si el reloj se invierte?

Los granos de arena que no tocan el fondo del recipiente, durante su caída no ejercen presión sobre éste. Por eso se podría colegir que en el transcurso de los cinco minutos mientras se trasvasa el árido, el plato de la balanza que sostiene el reloj, deberá tornarse más ligero y ascender. No obstante, se observará otra cosa: el plato con el utensilio ascenderá un poco sólo en un primer instante y acto seguido, durante los cinco minutos siguientes, la balanza permanecerá en equilibrio, hasta el último instante, en que el plato con el reloj descenderá un poco y el equilibrio se restablecerá.

¿Por qué, pues, durante todo el intervalo de tiempo la balanza permanece en equilibrio a pesar de que parte de la arena no presiona sobre el fondo de la ampolla mientras está cayendo? En primer lugar, señalemos que cada segundo por el cuello del reloj pasa tanta arena como alcanza su fondo. (Si suponemos que al fondo cae mayor cantidad de arena que la que pasa por la estrangulación, ¿de dónde se habrá tomado la de más? Y si admitimos lo contrario, también tendremos que contestar a la pregunta: ¿dónde se habrá metido la arena que falta?) Luego cada segundo se vuelven «ingrávidos» tantos granos de arena cuantos caen al fondo del vaso. A cada partícula que se vuelve «ingrávida» mientras está cayendo, le corresponde el golpe de otra contra el fondo.
Ahora vamos a hacer el cálculo. Supongamos que un grano cae desde una altura h. Entonces la ecuación donde g es la aceleración de caída y t, el tiempo de caída, proporciona

$$t = \sqrt{\frac{2h}{g}}$$

En este espacio de tiempo el grano no presiona sobre el plato. La disminución del peso de este último en el peso de un grano durante t segundos quiere decir que sobre él ejerce su acción, también durante t segundos, una fuerza equivalente al peso p del grano, dirigida verticalmente hacia arriba. Su acción se mide con el impulso:

$$j = pt = mg\sqrt{\frac{2h}{g}} = m\sqrt{2gh}$$

En el mismo intervalo de tiempo un grano choca contra el fondo teniendo una velocidad $v = \sqrt{2gh}$. El impulso de choque j_1 de semejante choque equivale a la cantidad de movimiento mv del grano:

$$j_1 = m\sqrt{2gh}$$

Es obvio que $j = j_1$, o sea, ambos impulsos son iguales. El plato sujeto a la acción de dos fuerzas iguales y dirigidas en sentidos diferentes permanecerá en equilibrio.

Sólo en un primero y último instantes del espacio de cinco minutos se alterará el equilibrio de la balanza (si ésta es lo suficientemente sensible). En un primer instante esto sucede porque algunos granos de arena ya han abandonado el recipiente superior y se han vuelto «imponderables», pero ninguno de ellos ha tenido tiempo para alcanzar el fondo del recipiente inferior, por lo cual el plato con el reloj oscilará hacia arriba. Al terminar el intervalo de cinco minutos, el equilibrio volverá a violarse momentáneamente, pues todo el árido ya habrá abandonado la ampolla superior, y no quedará arena «ingrávida», mientras que continuarán choques contra el fondo de su gemela, a consecuencia de lo cual el plato oscilará hacia abajo. Acto seguido el equilibrio se restablecerá, esta vez definitivamente.
Volver

47. Leyes de mecánica explicadas mediante una caricatura.

En la fig. 20 se representa una situación que tiene «base» mecánica. ¿Supo el autor del dibujo aprovechar las leyes de mecánica?

Leyes de mecánica en una caricatura

He aquí una versión del famoso «problema del mono» de Lewis Caroll (profesor de matemáticas de Oxford, autor del libro Alicia en el país de las maravillas).

El problema del mono de Lewis Caroll

L. Caroll propuso el dibujo reproducido en la figura e hizo la pregunta siguiente: «¿En qué sentido se desplazará el peso suspendido si el mono comienza a trepar por la cuerda?»

La respuesta no fue unánime. Unos afirmaban que desplazándose por la cuerda el mono no ejercería ninguna acción sobre el peso y éste último permanecería en su lugar. Otros decían que, al empezar a subir el mono, el peso empezaría a descender. Y sólo la minoría de los individuos que resolvían este problema, aseveraban que el peso comenzaría a ascender al encuentro del animal.

ésta última es la única respuesta correcta: si alguien empieza a subir por la cuerda, el peso no descenderá, sino que ascenderá. Cuando se sube trepando por una cuerda sostenida mediante una polea, la cuerda deberá desplazarse en sentido contrario, es decir, hacia abajo (el ascenso de una persona por la escalera de cuerda sujetada al aeróstato, ej. 21). Pero si la misma cuerda se desplaza de izquierda a derecha, arrastrará el peso hacia arriba, o sea, este último se elevará.

Volver

48. Dos pesas sostenidas mediante una polea.
Una polea suspendida de una balanza de resorte sostiene una cuerda con sendas pesas, de 1 kg y 2 kg, en los extremos. ¿Qué carga marca el fiel del dinamómetro?

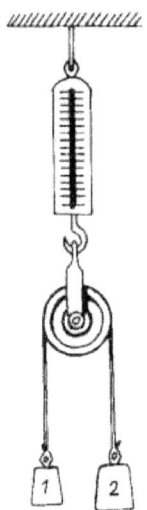

¿Qué indica el fiel de la balanza?

Por supuesto, la carga de 2 kg empezará a bajar, pero no con la aceleración de caída libre g, sino con una menor. Dado que en este caso la fuerza motriz vale (2 - 1)g, o sea, 10 N, y la masa que ésta solicita es de 1 + 2 = 3 kg, la aceleración del cuerpo que baja uniformemente será tres veces menor que la de otro en caída libre:

$$a = 1/3\ g$$

Además, conociendo la aceleración del cuerpo en movimiento y su masa, es fácil calcular la fuerza F que lo provoca:

$$F = ma = mg/3 = P/3$$

donde P es la masa de la pesa, igual a 20 N. Por consiguiente, la pesa de 2 kg será arrastrada hacia abajo con una fuerza de 20/3 N.
ésta es la magnitud de la fuerza de tensión de la soga y la que arrastra la pesa de 1 kg hacia arriba. Con esta misma fuerza (según la ley de reacción) la pesa de 1 kg tensa la soga. Por ello, la polea sufre la acción de dos fuerzas paralelas, de 20/3 N cada una. Su resultante vale

$$20N/3 + 20N/3 = 40N/3$$

de modo que la balanza de resorte indicará 40/3 N.
Volver

49. El centro de gravedad del cono.
Un tronco de cono hecho de hierro se apoya en su base mayor. Al invertir el sólido, ¿hacia dónde se desplaza su centro de masas, hacia la base mayor o la menor?

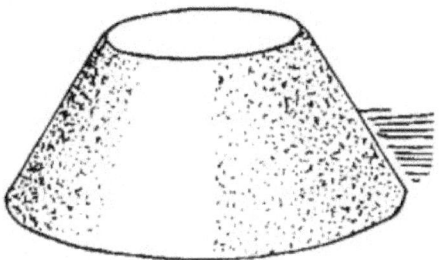

La posición del centro de masas dentro del cono no cambia. En esto consiste su propiedad: la misma sólo está sujeta a la distribución de masas en este sólido y no cambia al variar la posición del cuerpo respecto a la línea de aplomo.
Volver

50. Una cabina que cae.

Una persona se encuentra en la plataforma de una balanza situada en el suelo de la cabina de un ascensor . De repente se cortan los cables que sostienen la cabina y ésta empieza a bajar con aceleración de caída.
a) ¿Qué indicará la balanza durante la caída?
b) ¿Se verterá el agua contenida en una garrafa abierta que cae boca abajo?

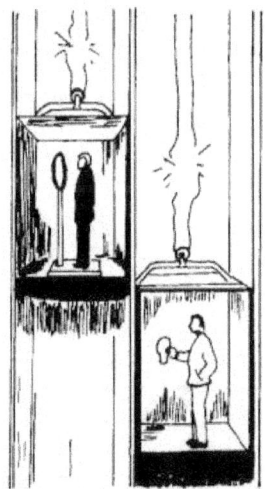

Las leyes físicas dentro de la cabina en caida libre

El espacio comprendido dentro de la cabina que cae libremente, es todo un mundo peculiar que posee sus características excepcionales. Todos los cuerpos que se encuentran en ella, están descendiendo con la misma velocidad que sus respectivos apoyos, mientras que los objetos suspendidos caen a la desarrollada por sus puntos de suspensión; por esta razón, los primeros no presionan sobre sus apoyos ni los segundos cargan sus puntos de suspensión; es decir, todos ellos semejan cuerpos ingrávidos.
También se vuelven ingrávidos los cuerpos que se encuentran en suspenso en este espacio: un objeto que se deja caer no caerá al suelo, sino que permanecerá en el lugar donde fue soltado. Dicho objeto no se acercará hacia el piso de la cabina porque ésta está descendiendo junto con él, además, con la misma aceleración. En suma, en el interior de la cabina en caída se crea un medio peculiar, sin pesantez, que viene a ser un excelente laboratorio de experimentos físicos cuyo resultado se altera notablemente por la fuerza de la gravedad.
Esta explicación permite contestar a las preguntas formuladas al plantear el problema.
a) El fiel de la balanza indicará cero, pues el cuerpo del pasajero no influirá en absoluto en los resortes de este

aparato.

b) El agua no se verterá de la garrafa puesta boca abajo.

Los fenómenos descritos deberán tener lugar no sólo en una cabina que cae, sino también en una arrojada libremente hacia arriba, o sea, en toda cabina que se mueva por inercia en el campo gravitacional. Como todos los cuerpos caen con igual aceleración, la fuerza de la gravedad deberá animar de idéntica aceleración la cabina y los cuerpos situados dentro de ella; la posición de unos respecto a otros no cambia, lo cual equivale a decir que en su interior los objetos estarán a salvo de la gravitación.

Semejantes condiciones se crearán en la cabina de vehículos con propulsión de cohete durante vuelos espaciales e interplanetarios que se realizarán en el futuro: en ellas los pasajeros y los objetos se volverán ingrávidos.
Volver

51. Trocitos de hojas de té en el agua.

Al remover el té en una taza, saque la cucharilla: verá que los trocitos de hojas de té que estaban moviéndose circularmente por la periferia del fondo se agruparán en su centro. ¿Por qué?

La causa por la cual los trocitos de hojas de té se agolpan junto al centro del fondo de la taza, consiste en que éste ralentiza la rotación de las capas inferiores de agua. Por ello, el efecto centrífugo que tiende a alejar las partículas de líquido del eje de rotación, es mayor en las capas superiores que en las inferiores. Dado que los bordes de la taza son bañados más intensamente que su parte baja, en la capa inmediata al fondo y junto al eje el agua estará menos agitada que arriba.

Es evidente que en resumidas cuentas en la vasija surge un movimiento rotacional dirigido desde su centro hacia los bordes en las capas superiores y desde los bordes hacia el centro en la capa inferior. Por consiguiente, junto al fondo debe surgir una corriente dirigida hacia el eje de la taza, que aparta los trocitos de hojas de té de sus paredes elevándolos simultáneamente a cierta altura por el eje de la vasija.

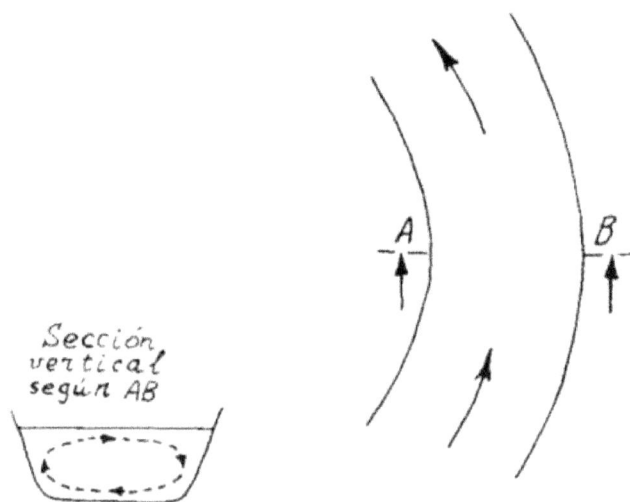

Movimiento rotacional del agua en el meandro de un río. Del artículo citado de A. Einstein

Un fenómeno similar, pero de escala mucho mayor, tiene lugar en los tramos curvos del lecho fluvial: con arreglo a la teoría propuesta por Albert Einstein, a este fenómeno se debe la forma sinusoidal de los ríos (se forman los llamados meandros).

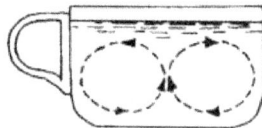

Remolinos de líquido en una taza. Del artículo citado de A. Einstein

La figura que se inserta aquí para explicar la relación que existe entre estos fenómenos, fue tomada del artículo de A. Einstein Causas de la formación de meandros en los cauces de ríos y la llamada ley de Beer (1926).
Volver

52. En un columpio.
¿Es cierto que una persona, poniéndose de pie en el columpio, podrá aumentar la amplitud de oscilaciones moviendo el cuerpo de cierta manera?

Las leyes de la mecánica en un columpio

Meciéndose en un columpio se puede aumentar gradualmente la amplitud de las oscilaciones hasta la magnitud deseada moviendo correspondientemente el cuerpo. En este caso hay que observar las condiciones siguientes:
1) una vez en el punto más alto de la trayectoria, la persona debe flexionar un poco las piernas y permanecer en esta actitud hasta que las cuerdas del artefacto pasen por la línea de aplomo, o sea, por el punto inferior de la trayectoria;
2) al pasar por este último, debe erguirse y mantener esta postura hasta alcanzar el punto superior.
Es decir, debe descender flexionando un poco las piernas y ascender poniéndose derecha, realizando estos movimientos en una oscilación del artefacto.
La conveniencia mecánica de esta maniobra deriva del hecho de que el columpio es un péndulo físico cuya longitud vale la distancia del punto de suspensión al centro en masas de la carga que se mece. Cuando nos ponemos de cuclillas, baja el centro de masas de la carga en movimiento; cuando nos enderezamos, su posición se eleva. Por ello la longitud del péndulo aumenta y disminuye alternativamente variando dos veces en una oscilación.
Veamos, cómo debería moverse semejante péndulo de longitud variable.

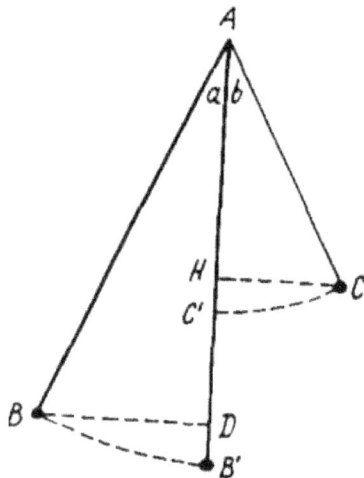

Movimiento directo del columpio

Supongamos que el péndulo AB se acorta hasta AC' al ocupar la posición vertical AB' (arriba). Como su peso baja en una magnitud DB', el mismo acumula cierta reserva de energía cinética que debe, en el tramo siguiente de la trayectoria, elevarlo a una altura igual. Mientras el peso sube del punto B' a C', esta reserva no disminuye, pues el trabajo invertido en la elevación no fue realizado a expensas de la energía acumulada. Por esta razón, el peso debe elevarse del punto C' en una magnitud C'H, iguala B'D, cuando el hilo se desvía a la posición A C. Es notorio que el nuevo ángulo b de desviación del hilo del péndulo debe superar el inicial a:

$$DB' = AB' - 4D = AB (1 - \cos a),$$

$$HC' - AC' - AH = AC (1 - \cos b).$$

Dado que DB' = HC',

$$AB (1 - \cos a) = AC (1 - \cos b)$$

y, por consiguiente,

$$AC / AB = (1 - \cos a) / (1 - \cos b)$$

Transformando las expresiones 1 - cos a y 1 - cos b obtenemos la expresión siguiente:

$$\frac{AC}{AB} = \frac{1 - \cos a}{1 - \cos b} = \left(\frac{\operatorname{sen} \dfrac{a}{2}}{\cos \dfrac{b}{2}} \right)^2$$

Pero en nuestro caso AC es menor que AB, por lo cual

40

$$\operatorname{sen} \frac{a}{2} < \operatorname{sen} \frac{b}{2}$$

Como ambos ángulos son agudos, entonces a < b

De modo que el hilo del péndulo (y la cuerda del columpio) debe desviarse de la posición vertical en una magnitud mayor que la vez anterior. Este efecto se observa cuando una persona, meciéndose en el columpio, se yergue mientras la tabla asciende.

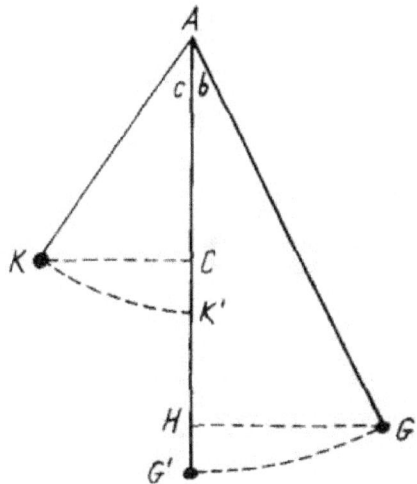

Movimiento inverso del columpio

Ahora vamos a analizar el movimiento inverso del columpio, o sea, el trayecto del peso desde el punto extremo superior hasta su posición inferior, teniendo en cuenta que en este caso la longitud del péndulo aumenta: el peso desciende del punto C al G. Cuando el péndulo se desvía de la posición AG y pasa a ocupar la posición AG', el peso, que desciende en HG', acumula cierta reserva de energía potencial, la cual deberá elevarlo seguidamente a la misma altura en la parte restante de la trayectoria. Pero pasando a la posición AG' el peso se eleva de G' a K, por tanto, acto seguido, el hilo se desviará a un ángulo c, mayor que b, por la causa que hemos examinado anteriormente. Así pues,

c > b > a

Cuando se aplica el procedimiento descrito, el ángulo de desviación del hilo del péndulo y, por tanto, de las cuerdas del columpio, aumenta en cada oscilación y puede elevarse paulatinamente hasta la magnitud que se desee. Realizando esta maniobra a la inversa, se puede frenar el movimiento del columpio y aun detenerlo.

41

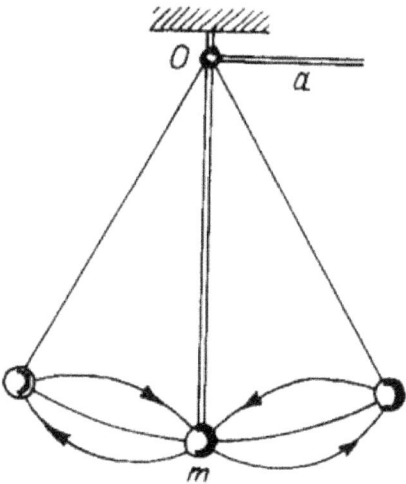

Modelo de columpio. Tomado del curso de Física Teórica de A. Einstein

En su obra Física teórica A. Eijenvald describe un experimento bastante sencillo que permite comprobar este hecho sin valerse del columpio. Para ello hay que «suspender una carga m de un hilo que pasa por un anillo fijo O. El extremo a puede desplazarse a ambos lados cambiando periódicamente la longitud del péndulo OM. Si el extremo a se mueve con una frecuencia dos veces mayor que la de oscilaciones del péndulo, eligiendo adecuadamente la fase de desplazamiento se puede lograr que el dispositivo se balancee con la amplitud requerida».
Volver

53. La atracción entre los objetos terrestres y los cuerpos celestes.

La masa de los cuerpos celestes multiplica muchas veces la de los objetos terrestres. Además, las distancias entre ellos son un sinfín de veces mayores que las que separan los cuerpos terrestres. Como la fuerza de atracción es directamente proporcional al producto de sus masas, pero es inversamente proporcional al cuadrado de la distancia entre ellos ¿por qué, pues, no advertimos la atracción recíproca de los cuerpos terrestres? Y ¿por qué ésta no es tan notoria en el Universo? Explíquelo.

Indudablemente, las enormes distancias que separan los cuerpos celestes deberían atenuar su atracción recíproca. Pero si las distancias espaciales son enormes, las masas de los cuerpos celestes son increíbles. Solemos subestimarlas, mientras que los cuerpos celestes de tamaño de satélites de Marte o asteroides «pequeños» poseen masas inverosímiles.

El asteroide más «chico» de los que se conocen, tiene un volumen de 10 a 15 km^3. Cuesta trabajo suponer, aunque sea aproximadamente, qué masa tendrá 1 km^3 de sustancia de la misma densidad que el agua. Hagamos el cálculo. Un kilómetro cúbico equivale a $(10)^{15}$ cm^3 ; semejante cantidad de agua tiene una masa de 10^{15} g, es decir, de 10^9 t.

¡Mil millones de toneladas! Mas, en realidad los cuerpos celestes constan de cientos o miles de millones de kilómetros cúbicos de materia que a veces es mucho más densa que el agua.

La fuerza de atracción que depende del producto de masas tan colosales no se atenúa hasta valores ínfimos por las enormes distancias que median de unos cuerpos a otros. La Tierra y la Luna se atraen con una fuerza de $2 * 10^{20}$ N, en tanto que dos personas que están alejadas a 1 m una de otra lo hacen con una fuerza de $3 \cdot 10^{-7}$ N, y dos navíos de línea que distan 1 km uno de otro, con una fuerza de 0,04 N .

Dos buques de línea de 20.000 t cada uno, dispuestos a una distancia de 1 km uno de otro, se atraen con una fuerza de 0.04 N

Por cierto, semejantes fuerzas son incapaces de vencer la resistencia de los pies de una persona contra el apoyo ni la que el agua opone al avance del buque.

Por eso, a consecuencia de la gravitación se atraen mutuamente los astros y los mundos, lo cual no se advierte en la interacción de los cuerpos que se hallan en la superficie terrestre.

Volver

54. La dirección de la plomada.

Se considera que todas las plomadas situadas cerca de la superficie terrestre están dirigidas hacia el centro del Globo (si se desprecia la desviación poco considerable provocada por la rotación del planeta). Consta que los cuerpos terrestres son atraídos no solo por la Tierra, sino también por la Luna. Por eso, al parecer, los cuerpos no deberían caer hacia el centro del Globo, sino hacia el centro común de masas del planeta y su satélite. Dicho centro común de masas no coincide con el centro geométrico del globo terráqueo, sino que dista de él a 4800 km.

En efecto, la masa de la Luna es 80 veces menor que la de la Tierra; por consiguiente, el centro común de masas está 80 veces más próximo al centro de la Tierra que al de su satélite natural. La distancia entre los centros de ambos cuerpos equivale a 60 radios terrestres, por ende, su centro común de masas dista del centro del Globo tres cuartos del radio terrestre.

Si esto es cierto, la dirección de las plomadas en el globo terráqueo debe desviarse de la dirección hacia el centro de la Tierra. ¿Por qué, pues, en realidad no se observan tales desviaciones?

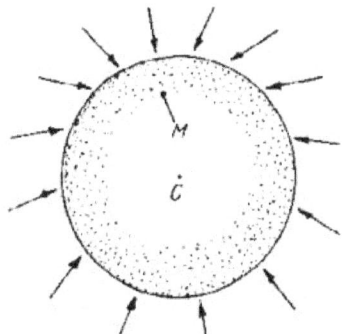

¿Hacia qué punto deben caer los cuerpos situados en la superficie terrestre?

El razonamiento expuesto al comienzo del problema es erróneo, aunque el error no salta a la vista. No obstante, se descubre fácilmente si lo dicho acerca de la Tierra y la Luna se refiere al Sol y la Tierra. En tal caso se razonaría de la manera siguiente.

Los cuerpos terrestres son atraídos no sólo por la Tierra, sino también por el Sol, y deberían caer hacia el centro común de masas de estos dos cuerpos. Dicho punto está localizado dentro del Astro Rey (pues la masa de este último multiplica por 300.000 la de nuestro planeta, mientras que la distancia entre sus centros es unas doscientas veces mayor que el radio solar). Por lo tanto, ¡resulta que todas las plomadas que hay en el globo terráqueo deberían estar dirigidas hacia... el Sol!

La absurdidad manifiesta de semejante conclusión facilita la búsqueda del error que se deslizó en los razonamientos.

Consta que el Sol atrae todos los cuerpos terrestres y, claro está, también atrae todo el Globo. Las aceleraciones que el Sol comunica a cada gramo de sustancia del planeta y a cada gramo de materia de todo cuerpo situado en la superficie de este último, son iguales. La Tierra y los objetos que se encuentran en ella, bajo la atracción solar, deben desplazarse de manera idéntica hacia el Astro Rey; en otras palabras, deben permanecer en reposo relativo. De este hecho se deduce que la atracción ejercida por el Sol no puede influir en la caída de los cuerpos terrestres: ellos deberán precipitarse a la Tierra como si el Sol no los atrajera.

Lo dicho también se refiere al sistema Tierra-Luna. No sólo en el sentido de que los cuerpos lunares no deben caer a la Tierra, sino también en el sentido de que todos los cuerpos terrestres deben precipitarse al centro del planeta, como si el satélite no los atrajera. Por cierto, este último obliga a todos los cuerpos terrestres a desplazarse hacia él, mas, al mismo tiempo todo el globo terrestre experimenta atracción de la misma magnitud. Por ello, la atracción lunar no puede influir de modo alguno sobre la caída de los cuerpos hacia la Tierra: ésta y los cuerpos situados en ella se atraen mutuamente como si la Luna no existiera.

(Cabe señalar que el error que se cometió al razonar, es uno de los más frecuentes y lleva aparejada toda una serie de conclusiones equivocadas.)

Capítulo II
Propiedades de los Fluidos

Contenido:

55. El agua y el aire.
¿Qué pesa más, la atmósfera del globo terráqueo o toda el agua que hay en él? ¿Cuántas veces?

Un cálculo bastante sencillo permite determinar grosso modo la razón de la masa de la atmósfera con respecto a la de toda la reserva de agua de nuestro planeta. El peso de la atmósfera equivale al de una capa de agua de unos 10 m (0,01 km) de espesor, que cubre uniformemente toda la superficie del Globo. Si el radio de la Tierra es R km, la masa de aire que la rodea (medida en miles de millones de toneladas) ha de ser igual a

$$4\pi R^2 * 0.01 = 0.04\pi R^2$$

Los océanos, midiendo 4 km de profundidad por término medio, ocupan los 3/4 de la superficie terrestre. De modo que la masa del agua de todos ellos es igual (en miles de millones de toneladas) a

$$\frac{3}{4}*4\pi R^2 *4 = 12\pi R^2$$

La razón incógnita equivale a

$$12\pi R^2 : 0.04\pi R^2 = 300$$

Así pues, toda el agua que hay en el Globo pesa unas 300 veces más que todo el aire (más exactamente, 270 veces más).
Volver

56. El líquido más ligero.
Indíquese el líquido más ligero.

Entre los líquidos el que menor densidad tiene es el hidrógeno licuado: 0,07 g/cm^3 ; éste es catorce veces más ligero que el agua, o sea, aproximadamente tantas veces como el agua es más ligera que el mercurio. Entre los líquidos en el segundo lugar está el helio licuado cuya densidad es de 0,15 g/cm^3 .
Volver

57. El problema de Arquímedes.
Se conocen varias versiones del problema de la corona de oro. Vitruvio, arquitecto de la antigua Grecia (siglo I a.C.), la refiere de la manera siguiente:
«Cuando Hierón II llegó al poder, decidió donar una corona de oro a un templo en agradecimiento por los hechos venturosos; ordenó fabricarla a un orífice y le entregó el material necesario. El maestro cumplió el encargo para el día fijado. El rey estuvo muy satisfecho: la obra pesaba justamente lo mismo que el material que había sido entregado al orebre. Pero poco tiempo después el soberano se enteró de que este último había robado cierta parte del oro sustituyéndolo con plata. Hierón montó en cólera y pidió a Arquímedes que inventara algún método para descubrir el engaño.
Pensando en este problema, el sabio fue a las termas y, una vez en la bañera, echo de ver que se desbordó cierta cantidad de agua, correspondiente a la profundidad a la que se hundió su cuerpo. A1 descubrir de esa manera la causa del fenómeno, no siguió en las termas, sino que se lanzó a la calle, rebosante de alegría y en cueros, y corrió hasta su casa exclamando en alta voz: `¡Eureka!, ¡eureka!' (hallé).
Cuando llegó a su casa, Arquímedes tomo dos pedazos del mismo peso que la corona, uno de oro y otro de plata, llenó con agua un recipiente hasta los bordes y colocó en él el lingote de plata. Acto seguido lo sacó y echó en el recipiente la misma cantidad de agua que se desbordó, midiéndola previamente, hasta llenarlo. De esta manera determinó el peso del trozo de plata que correspondía a cierto volumen de agua. A continuación realizó la misma operación con el trozo de oro y, volviendo a añadir la cantidad de agua desbordada, concluyó que esta vez se derramó menos líquido en una cantidad equivalente a la diferencia de los volúmenes de los trozos de oro y plata de pesos iguales.
Después volvió a llenar el recipiente, colocó en él la corona y se dio cuenta de que se derramó una mayor cantidad de agua que al colocar el lingote de oro; partiendo de este exceso de líquido Arquímedes calculó el contenido de impurezas de plata, descubriendo de esa manera el engaño.»
¿Se podría determinar la cantidad de oro sustituida por plata en la corona, utilizando el método de Arquímedes?

Según los datos disponibles, Arquímedes tenía derecho a afirmar que la corona no era de oro puro. No obstante, el siracusano no supo determinar con exactitud qué cantidad de oro había hurtado el orífice. La habría determinado si el volumen de la aleación de oro y plata fuera justamente igual a la suma de volúmenes de sus componentes. La leyenda atribuye a Arquímedes precisamente este criterio, compartido, por lo visto, por la mayoría de los autores de libros de texto escolares.
De hecho, sólo muy pocas aleaciones tienen esa propiedad. Por lo que atañe al volumen de la aleación de oro y plata, éste es menor que la suma de volúmenes de los componentes. En otras palabras, la densidad de semejante liga supera la que se obtiene por cálculo ateniéndose a las reglas de adición simple. Es fácil ver que al calcular la cantidad de oro hurtado en base a su experimento, Arquímedes debería obtener un resultado menor: a su modo de ver, la densidad más elevada de la aleación probaba que en ella era mayor la cantidad de oro. Por este motivo no pudo determinar exactamente la cantidad de oro con la cual se había quedado el estafador.
¿Cómo se debería resolver el problema planteado?
«Actualmente señala el Prof. Menshutkin en su Curso de Química General- procederíamos del modo siguiente. Determinaríamos no sólo la densidad del oro y plata puros, sino también la de toda una serie de aleaciones de oro y plata cuya composición se conoce con exactitud. A continuación trazaríamos un diagrama a base de los datos obtenidos; éste nos proporcionaría la curva de variación de la densidad de las aleaciones de oro y plata dependiendo del contenido de componentes. En el caso dado se obtendría una recta, pues la densidad varía linealmente en base a la composición de la liga. A1 determinar la densidad de la corona, señalaríamos el resultado obtenido en la curva de densidad del sistema oro-plata y definiríamos a qué composición de la aleación corresponde este dato, averiguando así la composición del metal de la corona.»
El caso sería distinto si parte del oro fuera sustituida con cobre y no con plata: el volumen de la aleación de oro y cobre vale exactamente la suma de volúmenes de sus componentes. En este caso el método de Arquímedes

proporciona un resultado muy exacto.
Volver

58. La compresibilidad del agua.
¿Qué sustancia, el agua o el plomo, se comprime más bajo presión?

En los libros de texto escolares se subraya con tanta tenacidad la incompresibilidad de los líquidos que se inculca la idea de que realmente lo son, al menos en un grado menor que los sólidos. Pero de hecho el término «incompresibilidad» aplicado a los líquidos no es sino una expresión figurada para definir su insignificante reducción de volumen al ser presionados, además, éstos se comparan sólo con los gases. Si comparamos los líquidos y los sólidos en cuanto a la compresibilidad, resultará que los primeros son muchas veces más compresibles que los segundos. El metal más compresible -e1 plomo- expuesto a la acción de una carga omnilateral, disminuye su volumen en 0,000006 del inicial bajo la presión de 1 at. El agua, en cambio, es unas ocho veces más compresible: su volumen disminuye en 0,00005 al aplicar la misma presión. Pero en comparación con el acero, este líquido se estrecha unas 70 veces más 1.
El ácido nítrico se distingue entre los líquidos por su elevada capacidad de compresión reduciendo su volumen inicial en 0,00034 a la presión de 1 at, es decir, al ser presionado reduce su volumen unas 500 veces más que el acero. Sin embargo, la compresibilidad de los líquidos es decenas de veces menor que la de los gases.
Volver

59. Disparando al agua.
Una caja abierta, con paredes de madera contrachapada parafinadas por dentro, de unos 20 cm de largo y 10 cm de ancho, contiene agua hasta un nivel de 10 cm respecto a su fondo. Si se dispara contra la caja, se hace añicos, mientras que el agua se dispersa en forma de polvo finísimo.
¿Cómo se explicaría esta acción del impacto de bala?

Este fenómeno se atribuye a la compresibilidad insignificante de los líquidos y, además, a su elasticidad absoluta. La bala entra en el agua con tanta rapidez que su nivel no tiene tiempo para subir. Por tanto, el líquido se contrae instantáneamente en la magnitud del volumen del proyectil. La alta presión que se crea en este caso destroza las paredes del recipiente y pulveriza el agua que éste contiene.
Una estimación simple proporciona cierta noción acerca de la magnitud de la presión. La caja contiene 20 x 10 x 10 = 2000 cm^3 de agua. El volumen de la bala es de 1 cm. El líquido deberá comprimirse en 1 /2000 parte, o sea, en 0,0005 de su volumen inicial. A la presión de 1 at el mismo reduce su volumen en 0,00005, es decir, diez veces menos. Por consiguiente, cuando disminuye el volumen del líquido contenido en la caja, su presión deberá elevarse hasta 10 at; a esta magnitud asciende, aproximadamente, la presión de trabajo que se crea en el cilindro de una máquina de vapor. Es fácil calcular que cada una de las paredes y el fondo de la caja sufrirán la acción de una fuerza de 10.000 a 20.000 N.
Este hecho explica los enormes efectos destructivos que producen los obuses explotados bajo agua. «Si un obús explota aunque sea a 50 m de un submarino, pero a suficiente profundidad para que la fuerza explosiva no "se disipe" por la superficie del agua, el buque se destruye inminentemente» (R.A. Millikan).
Volver

60. Una bombilla eléctrica resistiendo el peso de un vehículo.
¿Puede una bombilla soportar una presión de media tonelada? El diámetro del émbolo es de 16 cm.

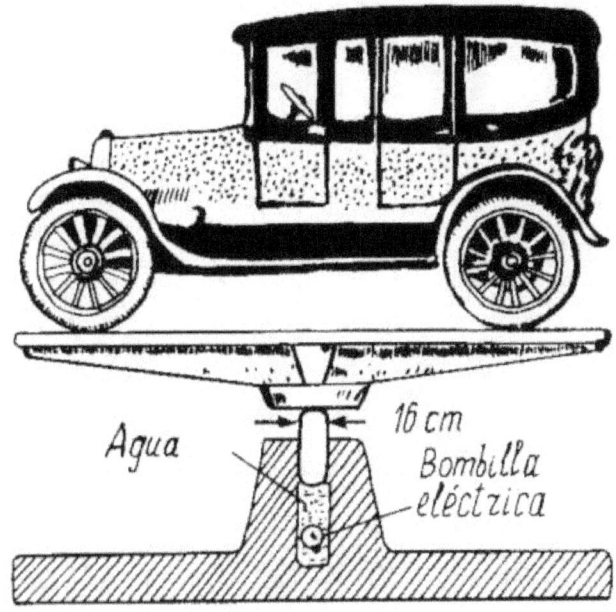

Calculemos la presión que experimentan las paredes de la bombilla. La sección del émbolo es, en cm ^{2},

$$S = \frac{\pi}{4} * 16^2 = 201$$

Como el peso del vehículo es de 5000 N, a cada centímetro cuadrado de la superficie corresponderá la presión siguiente:

$$5000 : 201 \approx 25 \text{ N/cm}^2$$

Las bombillas ordinarias suelen resistir una presión más alta, de hasta 27 N/cm ^{2}. Por eso, si se cumplen las condiciones indicadas al plantear el problema, la ampolla quedará intacta.
Este problema tiene importancia práctica en los trabajos que se llevan a cabo bajo agua. Una bombilla corriente, que resiste una presión de 2,7 at, puede ser utilizada a una profundidad de hasta 27 m (a profundidades mayores se emplean bombillas especiales).
Volver

61. Dos cilindros flotando en el mercurio.
Dos cilindros de masas y diámetros iguales, uno de aluminio y otro de plomo, se mantienen en el mercurio en posición vertical. ¿Cuál de ellos está hundido a mayor profundidad?

No piense que el quid del problema radica en la posición vertical de los cilindros: parecería que un cuerpo de forma cilíndrica no podría sostenerse verticalmente en el seno de un líquido, sino que tendría que ponerse de costado. Esta afirmación no es cierta: si un cilindro tiene diámetro suficientemente grande en comparación con su altura, puede flotar en posición estable.
De por sí, este problema no es difícil, pero a veces se suele razonar de forma equivocada al abordarlo. El cilindro de aluminio es cuatro veces más largo que el de plomo, de la misma masa y diámetro. Por eso podemos considerar que estando suspendido en posición vertical en el mercurio, deberá hundirse más que el de plomo. Por otra parte, este último, siendo más pesado, debería sumergirse más que el de aluminio que es más ligero.
Estas dos suposiciones son equivocadas: ambos sólidos están sumergidos a una misma profundidad. La causa de ello está a la vista: dado que tienen peso idéntico, deben desplazar iguales cantidades de líquido con arreglo al principio de Arquímedes; mas, como tienen diámetros iguales, la longitud de sus partes sumergidas también debe ser igual, pues en otro caso no desalojarían la misma cantidad de líquido.

47

Sería interesante saber, cuántas veces mayor será la parte del cilindro de aluminio que sobresale del azogue en comparación con la correspondiente del de plomo. Es fácil calcular que este último deberá sobresalir en 0,17 de su longitud, en tanto que el otro, en 0,8. Como el cilindro de aluminio es 4,2 veces más largo, las 0,8 de su longitud serán

$$\frac{0.8 * 4.2}{0.17} \approx 20$$

vecesmayores que las 0,17 de la del otro.

Así pues, la parte del cilindro de aluminio asomada del mercurio será veinte veces más larga que la respectiva parte del de plomo.

El ejercicio que acabamos de analizar tiene importancia en la teoría que pretende explicar la estructura del globo terráqueo, a saber, en la llamada teoría de isostasia. ésta arranca del hecho de que las partes sólidas de la corteza terrestre son más ligeras que las masas plásticas subyacentes, por lo cual flotan a flor de estas últimas. Dicha teoría considera la corteza terrestre como un conjunto de prismas de sección y peso iguales, pero de diferente altura. Según ella, sus partes elevadas deben de corresponder a prismas de menor densidad, y las menos elevadas, a prismas de densidad mayor. Es evidente que, según nos hemos dado cuenta al resolver el problema, las elevaciones que se aprecian en la superficie terrestre, siempre corresponden a defectos de masas bajo tierra, y las depresiones, a sus excesos. Las mediciones geodésicas corroboran esta tesis.
Volver

62. Inmersión en la arena movediza.

¿Será aplicable a los áridos el principio de Arquímedes? ¿A qué profundidad se hundirá en la arena seca una bola de madera colocada en su superficie? ¿Podría hundirse en la arena movediza una persona?

No se puede aplicar en forma directa el principio de Arquímedes a los áridos, puesto que las partículas que los forman, experimentan rozamiento que es ínfimo en los líquidos. No obstante, si la libertad de desplazamiento de las partículas de áridos no está limitada por su rozamiento recíproco, el referido principio se podrá aplicar. Por ejemplo, en semejante estado se encuentra la arena seca que se sacude reiteradamente; en este caso sus granos se desplazan sujetos a la fuerza de la gravedad.

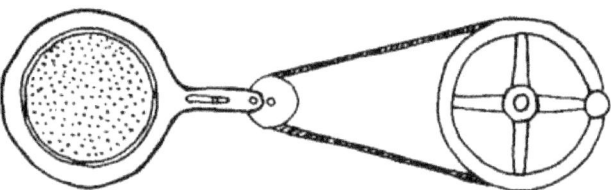

Dispositivo para sacudir la arena

Ya R. Hooke, famoso contemporáneo y compatriota de Isaac Newton, decía al respecto lo siguiente:
« Es imposible mantener bajo arena (que es sacudida ininterrumpidamente) un cuerpo ligero, por ejemplo, un trozo de corcho: éste `emergerá' enseguida a flor del árido, mientras que un cuerpo pesado, por el contrario, empezará a hundirse y al fin y al cabo alcanzará el fondo del recipiente.»
Posteriormente, H. Bragg, eminente físico inglés, realizó estas experiencias valiéndose de una centrifugadora especial. Se puede predecir el comportamiento de una bola dispuesta sobre la superficie de arena inmóvil recordando los razonamientos que en su tiempo permitieron a S.Stevin a deducir el principio de Arquímedes.

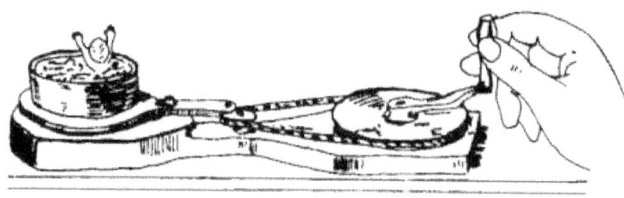

Esta figurilla ligera, con un peso sujetado a los pies, presa en la arena, se asoma al poner a funcionar la sacudidora

Primero advirtamos que la llamada «densidad aparente» de la arena (o sea, la masa de un centímetro cúbico de este árido junto con los espacios de aire) es igual, en el caso de la arena de grano fino, a 1,7 g, es decir, supera tres veces la de la madera.

Separemos, aunque sea mentalmente, una bola de árido dentro de un montón de arena, de volumen geométrico igual al de la referida bola de madera. Esta última se mantiene en equilibrio merced a la acción de dos fuerzas diferentes: 1) el rozamiento de los granos de arena unos contra otros y 2) el peso de la capa de este árido dispuesta encima, que ejerce presión hacia los lados, empujando de esta manera nuestra bola de arena por abajo. La resultante de todas las fuerzas no debe ser menor que el peso de dicha bola. Si la sustituimos -también mentalmente- por otra más ligera, de madera, la presión que ésta sufrirá por abajo será mayor que su peso propio. Es evidente que bajo la acción de la fuerza de la gravedad nuestra bola imaginaria no podrá hundirse a tanta profundidad.

El nivel máximo al que se hundirá la bola en la arena no deberá ser mayor que la profundidad en que su peso equivalga al de la arena «contenida» en su parte hundida. Mas, esto no quiere decir en absoluto que llegará precisamente hasta ese nivel: sólo indicamos la profundidad límite de hundimiento en el árido bajo la acción de su peso. Esto tampoco quiere decir que la bola presa en el montón de arena por debajo del nivel límite, aparecerá por sí misma en la superficie: se lo impedirá el rozamiento.

Así pues, el principio de Arquímedes es aplicable a los materiales áridos, pero con rigurosas reservas que no tendrán validez cuando dichos cuerpos sufran sacudidas o vibración; en el caso que estamos analizando los áridos que sufren sacudidas, semejan líquidos. En lo que se refiere a los que están en reposo, el principio de Arquímedes tan sólo afirma que un sólido de peso específico considerable, situado en la superficie de un árido, puede hundirse por su propio peso a una profundidad no mayor a aquella en que su peso sería igual al de la cantidad correspondiente del árido que se contendría en la parte hundida del objeto en cuestión.

Por cierto, esto permite sacar la conclusión de que, como el peso específico medio del cuerpo humano es menor que el de la arena seca, una persona no puede ser tragada por la arena movediza. En semejante caso, mientras menos se mueva ella, menor será la profundidad a que se hundirá: la agitación sólo precipita el hundimiento.

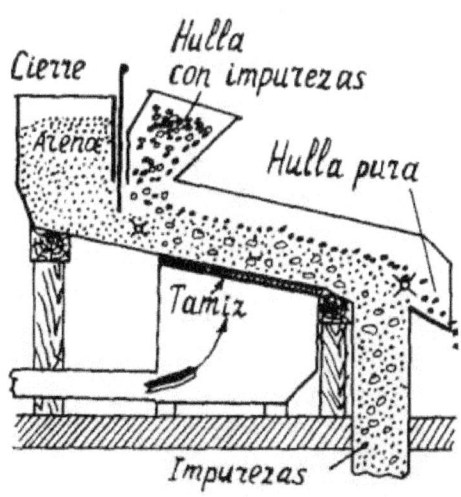

Máquina tamizadora

La posibilidad de aplicar el principio de Arquímedes al caso de la arena se aprovecha en la técnica para separar las impurezas contenidas en la hulla. La hulla húmeda, que debe ser purificada, se echa sobre una capa de arena cuyo peso específico supera el de este combustible, pero es menor que el de la ganga a separar. Para agitar los granos de arena, se bombea aire a través de ella, de abajo arriba e ininterrumpidamente, que pasa por un tamiz sobre el cual está la arena. Su presión, es decir, la velocidad del flujo de aire, determina el peso específico del árido. Al tomar contacto con la superficie de arena, los fragmentos de hulla y las impurezas se separan: el carbón se acumula en la superficie, mientras que la ganga se hunde en la arena, pasa por el tamiz y se acumula en un recipiente. La figura muestra la estructura de semejante equipo.

Volver

63. El líquido adopta forma esférica.
¿Cómo se podría demostrar el hecho de que en estado de ingravidez los líquidos tienen forma esférica?

La propiedad del líquido en ingravidez de adoptarforma esférica se demuestra evidentemente en el famoso experimento de Plateau: una porción de aceite de oliva mezclada en una disolución hidroalcohólica, de la misma densidad, se agrupa en forma de bola. Pero es imposible averiguar si esta forma esférica es geométricamente exacta o no. Por ello, el experimento de Plateau comprueba grosso modo la tesis que nos interesa. Este hecho se demuestra mediante el fenómeno del iris.

La teoría del arco iris afirma que una desviación, por muy insignificante que sea, de la forma de las gotas de lluvia respecto de la esférica geométricamente estricta debe de reflejarse en la forma del iris; si la diferencia es considerable, éste puede no aparecer en absoluto. Como una gota es imponderable mientras cae libremente (v. ej. 50), este hecho nos proporciona la demostración que necesitamos.

Volver

64. La gota de agua.
¿En qué caso las gotas de agua que caen del grifo de un samovar son más pesadas, cuando el agua está fría o caliente?

El peso de la gota depende de la magnitud de la tensión superficial del líquido: ella se desprende cuando su peso es suficiente para romper la película superficial en su «cuello».

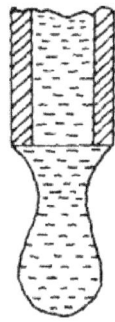

Si el radio de éste es r, y el coeficiente de tensión superficial es a (N/m), la gota se desprenderá con

$$2\pi r\sigma = mg$$

por lo que su masa será

$$m = \frac{2\pi r\sigma}{g}$$

Cuanto mayor es la tensión superficial, tanto mayor es el peso de la gota. Pero consta que al elevarse la temperatura, se reduce la tensión superficial: en el caso del agua disminuye en el 0,23 % por cada grado centígrado. A los 100 °C la Para el tensión superficial del agua se reduce en el 23 % en comparación con la magnitud correspondiente a 0 °C, mientras que a los 20 °C es menor en un 4,6 % que a 0 °C. Por consiguiente, al bajar la temperatura del agua contenida en el samovar de 100 °C hasta la temperatura ambiente (20 °C), el peso de las gotas de agua deberá elevarse en

$$\frac{95.4 - 77}{77} = 0.24$$

o sea, en el 24 %, es decir, aumentará notablemente.
Volver

65. La elevación capilar.
a) ¿A qué altura debe subir el agua contenida en un tubo de vidrio de diámetro interior de 1 micra?
b) ¿Qué líquido se elevaría a la mayor altura en semejante tubo?
c) ¿Qué agua -saliente o fría- se eleva a la mayor altura por un tubo capilar?

a) Con arreglo a la ley de Borelli, también denominada muy a menudo «ley de Jurin», la altura a que se eleva el líquido que moja las paredes del tubo, es inversamente proporcional a su diámetro. En uno de vidrio de diámetro interior de 1 mm el nivel de agua se elevará a 15 mm. Por ello, en un tubo de diámetro interior de 1 micra su altura será 1000 veces mayor, o sea, i de 15 metros !
b) Subiendo por el tubo capilar, el potasio fundido (funde a 63 °C) deja atrás a los demás líquidos: en un tubo de vidrio de diámetro interior de 1 mm subirá a 10 cm; si el diámetro del canal es de 1 micra, se elevará a 10 cm x 1000 = 100 m.
c) En un tubo del diámetro indicado el líquido subirá tanto más cuanto mayor sea su tensión superficial y menor sea su densidad. Esta dependencia se expresa por medio de la fórmula siguiente:

$$\rho g h = \frac{2\sigma}{r}$$

donde h es la altura de elevación, σ, el coeficiente de tensión superficial, r, el radio interior del tubo y ρ, la densidad del líquido. Con el aumento de la temperatura la tensión superficial disminuye mucho más rápido que la densidad ρ, a consecuencia de lo cual la altura h debe reducirse: un líquido caliente subirá por el tubo capilar a menor altura que otro frío.
Volver

66. En un tubo inclinado.
El agua sube por un tubo capilar inclinado a 10 cm sobre el nivel del agua contenida en un recipiente. ¿A qué altura se elevará este líquido si el tubo se inclina a 30° respecto a su superficie?

La altura a la que se eleva un líquido contenido en un tubo capilar no depende de la posición, sea inclinada o vertical, de este último. En todos los casos la elevación, es decir, la distancia del menisco a la superficie del líquido, medida sobre la vertical, será la misma. En el caso descrito el «hilo» de líquido que sube por el tubo inclinado a 30° será dos veces más largo que con la posición vertical de éste, pero la altura del menisco sobre el nivel del líquido contenido en el recipiente será la misma.
Volver

67. Las gotas en movimiento.

Tenemos dos tubos de vidrio delgados y abocinados por un extremo. En el primero, junto al punto A se encuentra una gota de mercurio, y en el segundo, junto al punto B, una de agua. Además, las gotas no están en reposo, sino que se mueven por sus respectivos tubos. ¿Por qué sucede esto?
¿En qué sentido se mueven las gotas, hacia el extremo ancho o hacia el estrecho?

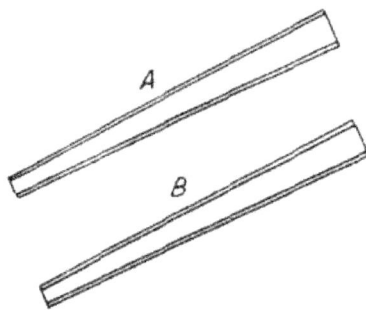

La columna de mercurio que se encuentra en el tubo de vidrio tiene convexos ambos extremos, puesto que este líquido no moja el cristal. La superficie que da al extremo derecho, tiene un radio de curvatura menor que la opuesta; por eso ejerce mayor presión sobre el mercurio (problema 65), empujándolo hacia el extremo abocinado.
La columna de agua, que moja el cristal, está acotada por meniscos cóncavos por ambos lados, además, el de la parte estrecha es menos cóncavo que el otro. El menisco curvo arrastra el líquido con mayor fuerza, por eso la columna de agua se desplaza hacia la parte angosta del tubo.
Así, pues, cada una de las columnas de líquido se desplaza por su respectivo tubo en sentidos opuestos: la de mercurio, hacia el extremo ancho, y la de agua, hacia el estrecho.

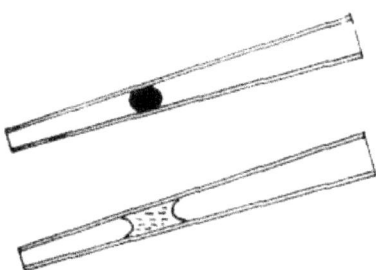

La columna de mercurio (arriba) se desplaza hacia el extremo abocinado del tubo, mientras que la del agua (abajo) se corre hacia el estrecho. Esta última propiedad del agua permite disminuir el perjuicio que causan las sequías

La capacidad del agua de pasar -por sí misma- por los canales capilares de tubos anchos a estrechos tiene mucha importancia para la conservación de la humedad en el suelo. «Si la capa superior del suelo está compacta, es decir, tiene canalitos estrechos, mientras que las inferiores están porosas, o sea, tienen muchísimos canalitos más anchos, entonces -afirma el agrónomo A. Dudinski- el agua pasa fácilmente de la capa inferior a la superior. Pero si, por el contrario, la capa inferior está compacta, en tanto que la superior está porosa, esta última, al secarse, ya no podrá absorber agua procedente de la capa inferior (puesto que el agua no pasa de canalitos estrechos a anchos, sino que sólo lo hace a la inversa) y, por tanto, seguirá siendo seca.»
En esto consiste uno de los métodos utilizados para atenuar la acción perjudicial de las sequías, consistente en el esponjamiento del suelo:
«para conservar humedad en el suelo, hay que esponjar, con la mayor frecuencia posible, su capa superior, hasta unos dos centímetros de profundidad e incluso menos; en este caso los canalitos estrechos formados en ella se destruyen y sustituyen por otros, más anchos, que no pueden succionar agua de la capa subyacente. La capa superior porosa se vuelve seca, pero ya no puede absorber agua de los canalitos más estrechos de la capa inferior del suelo ni

la puede conducir hasta la superficie, protegiendo de esa manera el resto del suelo contra la desecación por la acción del viento y los rayos solares.»
éste es uno de los ejemplos aleccionadores de la importancia que tiene este fenómeno físico que a primera vista parece ser tan insignificante.
Volver

68. Una lámina colocada en el fondo de un recipiente con líquido.
Si en el fondo de un recipiente de vidrio lleno de agua se coloca una lámina de madera bien adherida al mismo, ésta emergerá inminentemente. Pero si al fondo del mismo recipiente con mercurio se aplica una lámina de vidrio, ésta se quedará en su lugar. Consta que la flotabilidad del vidrio en el mercurio (la diferencia de densidades del mercurio y el vidrio) es mucho mayor que la de la madera en el agua.
¿Por qué, pues, la lámina de madera sube a la superficie, mientras que la de vidrio en el mercurio no sube?

La lámina de madera, depositada en el fondo del recipiente con agua, tendrá que emerger, pues el líquido penetra por debajo de ella. Sólo nos queda explicar, por qué el agua se cuela por debajo de la lámina de madera, mientras que el mercurio no penetra por debajo de la de vidrio.
Hay que tener en cuenta que por más que se adhiera la lámina al fondo, entre ellos siempre habrá un espacio muy pequeño. Junto a los bordes de estas dos superficies muy próximas una a otra, el agua, que moja tanto la madera como el vidrio, forma una concavidad que da hacia el espacio libre de agua; dicha concavidad, lo mismo que el menisco cóncavo, arrastra agua al espacio entre la lámina y el fondo.

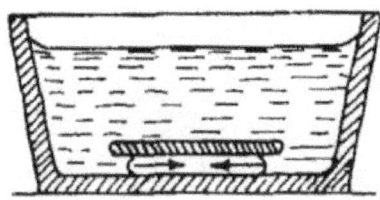

El agua se cuela por debajo de la lámina aplicada al fondo del recipiente

Es distinto el caso del mercurio y la lámina de vidrio. Este líquido no moja al vidrio, por eso entre la lámina y el fondo,- ambos de vidrio, la superficie convexa del mercurio da al espacio de aire; esta convexidad presiona hacia afuera y no deja que el metal líquido se cuele por debajo de la lámina.

El mercurio no penetra por debajo de la lámina aplicada al fondo

Volver

69. Ausencia de tensión superficial.
¿A qué temperatura se anula la tensión superficial de los líquidos?

La tensión superficial del líquido desaparece del todo a la temperatura crítica: éste pierde su capacidad de formar gotas y se evapora a cualquier presión.
Volver

70. La tensión superficial
¿Qué presión ejerce, aproximadamente, la capa superficial de un líquido sobre las capas subyacentes?

A pesar de la finura extraordinaria -de unos 5×10^{-8} cm-, la película superficial de líquido ejerce enorme presión sobre la masa de líquido que ella envuelve. Para algunos líquidos esta presión es de decenas de miles de atmósferas, es decir, equivale a decenas de toneladas por centímetro cuadrado.

Semejante presión condiciona la baja compresibilidad de los líquidos que, de por sí, siempre están comprimidos con gran fuerza, por lo cual se obtiene un efecto ínfimo cuando se aumenta artificialmente en cien atmósferas una presión de decenas de miles de atmósferas existente en ellos.

Volver

71. El grifo.
¿Por qué los grifos de agua corriente suelen ser giratorios, y no en forma de esclusa?

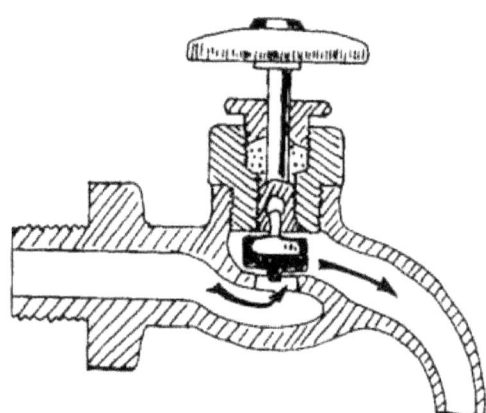

Parecería que los grifos de compuerta instalados en las cañerías de agua serían más manejables que las llaves de rosca que se emplean generalmente. Sin embargo, no se utilizan porque causarían averías de la red de aguas corrientes. A1 cerrar bruscamente el grifo, es decir, al cortar repentinamente la corriente, se provocaría una fuerte sacudida de toda la red de tuberías, el llamado golpe hidráulico, o golpe de ariete, muy peligroso para este tipo de obras. El Prof. A. Deisha, autor de un libro de texto de hidráulica, compara el golpe de ariete con el choque de un tren empujado por la locomotora, contra un tope terminal:

«En este caso los topes del primer vagón que chocan con el terminal, se comprimirán por la fuerza de inercia de los vagones siguientes, hasta que todos se detengan. Acto seguido los resortes amortiguadores del delantero tenderán a extenderse empujando los demás vagones hacia atrás. La onda creada por los topes comprimidos recorrerá todo el tren, del primer vagón hasta el último. Si al final del tren está enganchada una locomotora pesada, la onda de presión reflejada por ella recorrerá todo el tren en sentido inverso, hasta el tope terminal. De modo que las oscilaciones, amortiguándose gradualmente a causa de la resistencia, se transmitirán de un extremo a otro del tren, y a la inversa. La primera onda de presión será peligrosa para los muelles de topes de todos los vagones, y no sólo del delantero. Como el agua es elástica, aunque en grado ínfimo, cuando se cierra el grifo instalado en el extremo de una tubería larga, las partículas traseras empiezan a empujar las delanteras (que ya se han detenido), creando de esa manera una presión elevada; ésta, lo mismo que una ola ordinaria, viajará a gran velocidad (un poco menor que la de propagación del sonido en el agua) por toda la tubería de cabo a rabo. A1 alcanzar el otro extremo (el tanque de presión, por ejemplo), la onda se reflejará hacia el grifo; de tal modo se producirá una serie de oscilaciones, esto son, elevaciones de presión que irán amortiguándose paulatinamente debido a la resistencia a la onda. No obstante, la primera de ellas será muy peligrosa no sólo en el extremo donde está instalado el grifo, sino también en el extremo opuesto de la conducción, próximo al tanque, puesto que podrá destruir fácilmente cualquier pieza o junta de menor resistencia. La presión de ariete que se crea en este caso, sobre todo la reflejada, podrá superar de 60 a 100 veces la presión hidrostática normal existente en la tubería.»

El golpe será tanto más fuerte y más destructor cuanto más larga sea la tubería; estropea el sistema de abastecimiento de agua, a veces hace reventar tuberías de hierro colado, ensancha las de plomo, arranca codos, etc. Para evitar este efecto perjudicial, hay que estrangular gradualmente la corriente de agua, es decir, cortarla con lentitud utilizando para ello válvulas de rosca. Cuanto más larga es la tubería, tanto más deberá durar el cierre.

La fuerza del golpe de ariete es directamente proporcional a la longitud del conducto y al tiempo durante el cual se cierra la llave: cuanto menos dura el cierre, tanto más fuerte será el golpe. Se ha deducido la siguiente fórmula para calcular su intensidad: la presión del golpe equivale (en metros) a la altura de la columna de agua

$$h = 0.15 \frac{v l}{t}$$

longitud del conducto (en metros) y t, el tiempo durante el cual se cierra la llave (en segundos).
Por ejemplo, si una tubería de 1000 m de longitud, por la cual el agua circula con una velocidad de 1 m/s, se cierra en 1 s, la presión creada en ella aumentará por el efecto del golpe de ariete hasta

$$h = 0.15 \frac{1*1000}{1} = 150$$

o sea, hasta 15 at.
El fenómeno de golpe de ariete se puede observar realizando un experimento mediante el dispositivo mostrado en la figura.

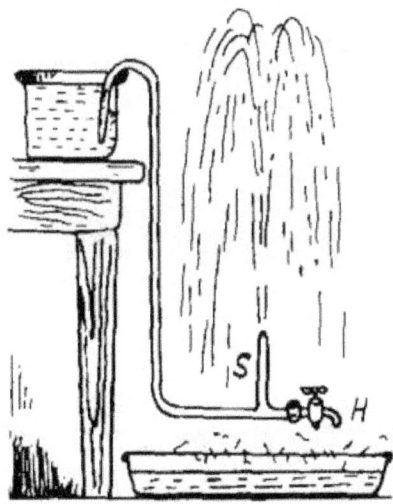

Experimento que ilustra el golpe hidráulico.

El agua contenida en un recipiente, sale de éste por un tubo de sifón, hecho de vidrio, corriendo verticalmente hacia abajo y luego horizontalmente. En el otro extremo del conducto está instalado un grifo de compuerta H, y a cierta distancia del extremo, un tubo corto S con un orificio pequeño que da hacia arriba.
Mientras el grifo permanece cerrado, el agua brota del conducto corto sin superar el nivel de líquido contenido en el recipiente. Mas, si la llave se abre y acto seguido se cierra bruscamente, en un primer instante el agua brotará por encima de la altura del nivel de líquido del recipiente, probando evidentemente que la presión creada en el tubo supera la hidrostática.
No se debe creer que en este caso se viola la ley de conservación de la energía: aquí, menor cantidad de agua se eleva a mayor altura merced al descenso de ésta desde cierto nivel, lo mismo que una carga ligera, suspendida en el extremo de una palanca, se eleva a mayor altura que otra, más pesada, colocada en el extremo opuesto.
El principio del golpe de ariete se aprovecha en una máquina simple para elevar agua, llamada ariete hidráulico, que sólo consume su energía viva.

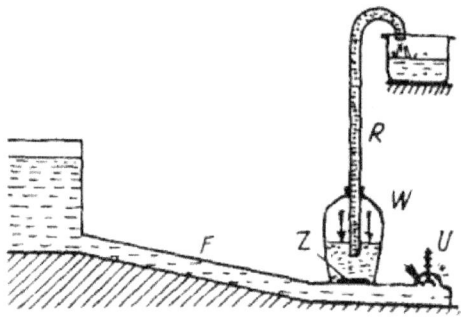

Esquema de funcionamiento del ariete hidráulico

Para ponerla en funcionamiento hay que cerrar la válvula U, debido a lo cual en el conducto F se produce un golpe hidráulico; la presión elevada del líquido abre la válvula Z y el aire, comprimido momentáneamente en W, lo impele hacia arriba. El golpe cesa, la válvula Z se cierra, la U se abre y el agua que vuelve a circular por F, cierra la válvula U y de nuevo provoca un golpe de ariete, y todo se vuelve a repetir.
Volver

72. La velocidad de salida.
¿Qué líquido, el agua o el mercurio, tendrá la mayor velocidad de salida si son iguales sus niveles en los embudos que los contienen?

El mercurio pesa mucho más que el agua; por tanto, es probable que el primero salga más rápido que la segunda. Sin embargo, ya E. Torricelli sabía que esto no es así: la velocidad de salida no depende de ninguna manera de la densidad del líquido y se determina utilizando la fórmula de Torricelli:

$$v = \sqrt{2gh}$$

donde v es la velocidad de salida del líquido, g, la aceleración de la gravedad y h, la altura del nivel de líquido contenido en el recipiente. Según vemos, en la fórmula no interviene la densidad del líquido.
Este principio paradójico de salida del líquido se comprende fácilmente si se considera que la fuerza que impele el líquido, es creada por la parte de éste, situada a un nivel más alto que el orificio de salida. Si el líquido es pesado, esta fuerza es mayor que en el caso del líquido ligero; pero la masa que se pone en movimiento en el primer caso es mayor, por cierto, en la misma proporción. No es de extrañar, pues, que la aceleración y, por consiguiente, la velocidad, son idénticas en ambos casos.
Volver

73. El problema de la bañera.
a) Una bañera de paredes verticales se llena con agua de grifo en 8 min, y se vacía por medio del orificio de desagüe (el grifo está cerrado) en 12 min. ¿Cuánto tiempo deberá permanecer abierto el grifo para llenar completamente la pila vacía mientras está abierto el desagüe?

b) La pila se llena en 8 min; con el grifo cerrado se tarda el r mismo lapso en vaciarla mediante el orificio de salida. ¿Qué cantidad de agua habrá en ella si durante las veinticuatro horas se vierte agua de grifo mientras el desagüe está abierto?
c) Resuélvase este mismo problema si el tiempo de llenado es 8 min, y el de vaciado, 6 min.
d) Resuélvase idéntico problema, pero llenándose a los 30 min y vaciándose en 5 min.
e) La pila se vacía en un lapso más corto que el de llenado mediante el grifo. ¿Habrá agua en la bañera si empezamos a echar agua dejándola salir al mismo tiempo?
A continuación ofrecemos sendos pares de respuestas a las cinco preguntas planteadas; en una columna se ofrecen las respuestas correctas y en la otra, incorrectas.

a) La bañera se llenará hastalos bordes en 24 min.	a) La bañera nunca se llenará hasta los bordes.
b) La bañera estará vacía.	b) El agua llegará hasta 1/4 de la altura de la pila.
c) No habrá agua en la pila.	c) El agua subirá hasta las 9/64 de la altura de la pila.
d) No habrá agua en la pila.	d) El agua subirá hasta 1/144 de la altura de la bañera.
e) La pila estará vacía.	e) En la bañera habrá un poco de agua.

¿En qué columna, pues, están las respuestas correctas?

Las de la columna izquierda parecen ser verosímiles. Pero, en realidad, lo son las de la derecha. Por cierto, a primera vista estas respuestas parecen ser muy extrañas; no obstante, vamos a analizar por separado cada uno de estos problemas.
a) En la bañera se vierte más agua que la que sale, sin embargo, en la columna derecha se afirma que nunca se llenará. ¿Por qué? Es que surge la idea de que es muy fácil calcular dentro de cuántos minutos el agua empezará a desbordarse. Cada minuto se llena 1/8 parte del volumen de la pila, mientras que sale 1/12; por consiguiente, el aforo por minuto es

$$1/8 - 1/12 = 1/24$$

parte de su capacidad. Está claro que en 24 minutos se llenará.

b) En el segundo problema el tiempo de llenado equivale al de vaciado. Por lo tanto, la cantidad de agua que ingresa cada minuto es igual a la que sale. Esto quiere decir que en la pila no deberá quedar ni una sola gota de agua, por más que dure el proceso. Sin embargo, en la columna de respuestas correctas se afirma que el nivel de agua llegará hasta un cuarto de la altura de la bañera.

c), d) y e). Es obvio que en los tres casos sale mayor cantidad de agua que entra, mas, en la segunda columna se

57

asevera que no obstante ello en la pila se acumulará cierta cantidad de líquido.

En suma, las respuestas que damos por correctas, parecen ser absurdas. Para cerciorarse de que realmente son correctas, el lector tendrá que seguir una cadena bastante larga de razonamientos. Empecemos por el primer problema.

a) éste viene a ser una versión del famoso problema del depósito, que se remonta a Herón de Alejandría. Surgido hace más de dos milenios, el problema sigue figurando en muchos libros de problemas de matemáticas escolares, sin que por ello deje de ser errónea, desde el punto de vista de la física, su solución tradicional. Esta última se basa en la suposición equivocada de que el agua sale del recipiente en chorro uniforme mientras su nivel desciende.

Dicha suposición contradice la ley física que afirma que la velocidad de salida del líquido disminuye mientras desciende su nivel. Por consiguiente, es erróneo creer, como suelen hacer los escolares en las clases de matemáticas, que si la pila se vacía en 12 min, cada minuto sale una dozava parte de su contenido inicial. En realidad, el líquido sale de la manera siguiente: inicialmente, mientras su nivel es bastante alto, cada minuto sale más de una dozava parte de la pila llena; esta cantidad va disminuyendo progresivamente por instantes, y cuando su nivel es muy bajo, cada minuto sale menos de una dozava parte del contenido inicial. Por esta razón, el volumen de agua que sale durante este lapso equivale, sólo por término medio, a una dozava parte del de la pila llena, mientras que de hecho el gasto no será exactamente igual a una dozava parte, sino que un poco mayor o menor.

En general, el vaciado de la bañera se asemeja mucho a la marcha del reloj de bolsillo descrita por Mark Twain en tono de broma: el reloj marchaba bien «por término medio», al dar el número correspondiente de vueltas durante las veinticuatro horas. Mas, en la primera mitad de este tiempo adelantaba demasiado retrasándose extremadamente durante el resto de la jornada. Resolver el problema de la pila partiendo de la velocidad media de salida del agua sería lo mismo que consultar el reloj descrito por el famoso escritor estadounidense.

Según vemos, la versión simplificada de este problema, que se resuelve tan fácilmente en la escuela, hay que sustituirla por la variante real ajustándola a las leyes de la naturaleza. Obrando de esa manera obtendremos un resultado distinto. Al comenzar a llenar la bañera mientras el nivel de agua no es alto, sale menos de una dozava parte de su capacidad total; en cambio, cuando el nivel es alto, sale más de una dozava parte. Por ello, el gasto puede ser una octava parte de su volumen, y podrá igualarse con la cantidad de agua que ingresa, antes de que se llene toda la pila. A partir de este instante el nivel dejará de ascender, puesto que el agua afluente saldrá por el desagüe. El nivel se mantendrá constante por debajo de los bordes de la bañera. Claro está que en semejantes condiciones nunca se llenará completamente. Según veremos más adelante, el cálculo matemático confirma lo que acabamos de deducir.

b) En este apartado la corrección de nuestra solución es mucho más evidente. El tiempo de llenado y de vaciado es uno mismo, 8 min. Mientras el nivel es bajo, o sea, cuando se empieza a añadir agua, cada minuto se llena una octava parte de la capacidad de la pila, y sale, según explicamos más arriba, menos de una octava parte. En resumidas cuentas, el nivel deberá elevarse hasta que el caudal afluente se iguale con el gasto. Por consiguiente, en la pila siempre habrá agua. Se puede demostrar -muy pronto lo haremos que siendo iguales el tiempo de llenado y de vaciado, la altura del nivel real deberá equivaler a un cuarto del de la pila llena.

c), d) y e) Después de lo que acabamos de exponer no se requieren muchas aclaraciones para desvanecer las dudas en torno a nuestras respuestas a las tres preguntas restantes. En ellas, el tiempo de vaciado es menor que el de llenado. Es imposible llenar completamente la pila ateniéndose a estas condiciones, mas, se puede asegurar cierta capa de agua, aunque el flujo entrante sea exiguo.

Hay que recordar que las primeras porciones de agua que se añaden, no podrán salir con la misma rapidez, pues mientras el nivel es bajo, la velocidad de salida será muy pequeña; al descender el nivel de líquido, esta magnitud se vuelve cada vez menor que cualquier velocidad constante de llenado. Por ende, en la bañera deberá haber una capa de agua, aunque sea muy pequeña. En otras palabras, contrariamente al «sentido común», en todo tonel -por más rajado que esté- siempre habrá un poco de agua a condición de que se agregue uniforme e ininterrumpidamente la cantidad de agua correspondiente.

Ahora pasemos al examen matemático de los mismos problemas. Nos daremos cuenta de que los ejercicios elementales que se ofrecen a los escolares desde hace dos milenios, requieren conocimientos y hábitos que rebasan el marco de la aritmética elemental.

Para un recipiente de forma cilíndrica (en general, para uno de paredes verticales) vamos a establecer cierta dependencia entre el tiempo T de llenado, ídem t de vaciado y la altura l del nivel constante de líquido si el llenado se efectúa con el orificio de desagüe destapado. Para ello convengamos en utilizar las designaciones siguientes:

H, la altura del nivel de líquido en el recipiente lleno;

T, el tiempo de llenado hasta el nivel H;

t, ídem de vaciado del recipiente a partir del nivel inicial H;

S, la sección del recipiente;

c, ídem del desagüe;

w, la velocidad de descenso del nivel en el recipiente por segundo;

v, ídem de salida del líquido por segundo;

l, la altura del nivel constante mientras el orificio de vaciado está destapado. Está claro que si en un segundo el nivel desciende en w, en el mismo lapso por el desagüe deberá salir una cantidad Sw de líquido, equivalente al volumen de la columna cv del chorro que sale:

$$Sw = cv,$$

de donde

$$w = v * c/S$$

No obstante, la velocidad v de salida del líquido se determina por la fórmula de Torricelli citada más

arriba, $v = \sqrt{2gh}$, donde l es la altura del nivel y g, la aceleración de la gravedad. Por otro lado, la velocidad w de ascenso del nivel de líquido cuando el orificio está tapado, es H/T. El nivel será constante cuando la velocidad de su descenso sea igual a la de ascenso, es decir, si tiene lugar la igualdad siguiente:

$$\frac{H}{T} = \frac{c}{S}\sqrt{2gl}$$

Haciendo uso de esta fórmula hallamos la altura l del nivel estabilizado [1]

$$l = \frac{H^2 S^2}{2gT^2 c^2}$$

ésta es la altura del nivel de líquido contenido en el recipiente durante el ingreso de agua mientras el desagüe está destapado.
Simplificamos esta fórmula eliminando las variables S, c y g. El descenso del nivel de líquido en el recipiente de paredes verticales (mientras el grifo permanece cerrado) es un movimiento uniformemente variable que comienza con la velocidad w y termina con la velocidad nula. La aceleración a de semejante movimiento se determina a partir de la ecuación siguiente:

$$w^2 = 2aH$$

de donde:

$$a = \frac{w^2}{2H}$$

Si ponemos el valor de w de la expresión w = cv/S y tenemos en cuenta que $v = \sqrt{2gh}$ obtenemos el resultado siguiente:

$$a = \frac{c^2 v^2}{2S^2 H} = \frac{c^2 * 2gH}{2S^2 H} = g\frac{c^2}{S^2}$$

Además, para el caso del movimiento que estamos analizando

$$H = \frac{at^2}{2} = \frac{gc^2 t^2}{2S^2}$$

de donde

$$t = \frac{2HS^2}{gc^2}$$

Realizando la sustitución en la fórmula [1], obtendremos el resultado siguiente:

$$l = \frac{H^2 S^2}{2gT^2 c^2} = \frac{H * HS^2}{2T^2 gc^2} = \frac{Ht^2}{4T^2}, \frac{l}{H} = \frac{t^2}{4T^2}$$

Así pues, para las condiciones enunciadas, el nivel de líquido contenido en el recipiente deberá mantenerse a una altura equivalente a la del recipiente lleno y se determinará mediante la fórmula que sigue:

$$\frac{l}{H} = \frac{t^2}{4T^2}$$

♣ ♣ ♣ ♣

Ahora vamos a utilizar la fórmula deducida para resolver nuestros problemas.

a) La duración de llenado es T = 8 min y el tiempo de vaciado t = 12 min. La altura l del nivel límite referida a la del recipiente H, equivale a

$$\frac{l}{H} = \frac{12^2}{4*8^2} = \frac{9}{16} \text{ partes}$$

El nivel de agua sólo alcanzará 9/16 partes de la altura de la bañera. Por más que se añada agua, su nivel no se elevará después.

b) En este caso T = t = 8 min:

$$\frac{l}{H} = \frac{t^2}{4T^2} = \frac{1}{4}$$

El nivel ascenderá a un cuarto de la altura del recipiente.

c) Para T = 8 min y t = 6 min:

$$\frac{l}{H} = \frac{6^2}{4*8^2} = \frac{9}{64}$$

El agua alcanzará 9/64 partes de la altura de la pila.

d) T= 30 min y t = 5 min:

$$\frac{l}{H} = \frac{5^2}{4*30^2} = \frac{1}{144}$$

El nivel de líquido equivaldrá a 1/144 parte de la altura de la bañera.

e) t < T:

$$\frac{l}{H} = \frac{t^2}{4T^2}$$

La expresión obtenida podrá ser igual a cero siempre que se observen las dos condiciones que siguen:

1) $t = 0$ y $T \neq 0$. Esto quiere decir que la bañera se vacía instantáneamente, lo cual es imposible.

2) $t \neq 0$ y $T = \infty$. Es decir, con el desagüe tapado el tiempo de llenado será indefinido. En otras palabras, la afluencia de agua por segundo es nula, no ingresa líquido en la bañera. En la práctica este caso equivale a que la llave esté cerrada.

Así pues, siempre que el grifo esté abierto y la pila no se vacíe instantáneamente, I nunca podrá ser nula: la capa de agua siempre tendrá altura finita.

¿Bajo qué condiciones, pues, sería posible llenar toda la pila con el orificio abierto? Evidentemente, cuando I = H, es decir, cuando

$$\frac{t^2}{4T^2} = 1 \Rightarrow t^2 = 4T^2 \Rightarrow t = 2T$$

Por tanto, si el tiempo de llenado es dos veces menor que el de vaciado, será posible llenarla por completo, aunque el orificio esté abierto.

♣ ◻ ♣ ◻ ♣ ◻ ♣

También sería interesante calcular cuánto tiempo se necesitará para alcanzar un nivel constante. Este problema no se resuelve por medio de las matemáticas elementales; habrá que valerse del cálculo integral. Ofrecemos el cálculo correspondiente a los que se interesan por esta variante; aquellos lectores que tienen conocimientos de matemáticas superiores podrán omitir el análisis que se expone a continuación, y sólo emplear la fórmula deducida al final del cálculo.

La velocidad de elevación del nivel de líquido en un recipiente al que se añade agua mientras el orificio de desagüe está destapado, se define como la diferencia entre la velocidad de ascenso del nivel con el orificio tapado (H/T) y la de descenso del mismo sin agregar líquido, (Nota: $\frac{c}{g}\sqrt{2gx}$, donde x es la altura del nivel de agua en un instante dado). Por consiguiente, la velocidad de ascenso del nivel en el momento dado será

$$\frac{dx}{dt} = \frac{H}{T} - \frac{c}{S}\sqrt{2gx}$$

de donde

$$dt = \frac{dx}{\dfrac{H}{T} - \dfrac{c}{S}\sqrt{2gx}}$$

El tiempo necesario para que el nivel de líquido suba hasta la altura x = h se designa por Θ.
Integrando la ecuación

$$\int_0^{\Theta} dt = \int_0^{h} \frac{dx}{\dfrac{H}{T} - \dfrac{c}{S}\sqrt{2gx}}$$

obtenemos la siguiente fórmula para determinar el tiempo Θ que se necesita para que el nivel de líquido alcance la altura h:

$$\Theta = -\frac{S}{gc}\left[\sqrt{2gh} + \frac{HS}{Tc}\ln\left(1 - \frac{cT}{SH}\sqrt{2gh}\right)\right]$$

(aquí, ln denota el logaritmo de base e = 2,718...).

Esta expresión puede ser simplificada. Partiendo de las igualdades wS = vc y $v = \sqrt{2gh}$, se determina la velocidad w de descenso del nivel desde la altura h al vaciar la pila:

$$w = \frac{dh}{dt} = \frac{c}{S}v = \frac{c}{S}\sqrt{2gh}$$

Por consiguiente,

$$dt = \frac{S}{c\sqrt{2gh}}\frac{dh}{\sqrt{h}} \Rightarrow \int dt = \frac{S}{c\sqrt{2gh}} * \int_0^H \frac{dh}{\sqrt{h}}$$

de donde

$$t = \frac{2S}{c}\sqrt{\frac{H}{2g}}$$

Después de realizar las sustituciones correspondientes se obtiene la siguiente expresión para determinar Θ:

$$\Theta = -\left[t\sqrt{\frac{h}{H}} + \frac{t^2}{2T}\ln\left(1 - \frac{2T}{t}\sqrt{\frac{h}{H}}\right)\right]$$

la cual no contempla los casos de sección S y c del recipiente y del orificio de salida ni la aceleración de la gravedad g. Esto último señala que el tiempo de llenado de la bañera debe ser el mismo que en cualquier otro planeta.

❧ ❧ ❧ ❧ ❧

Si deseamos averiguar cuánto tiempo se necesitará para alcanzar los niveles límites en los recipientes, llegaremos a la conclusión de que esta magnitud será indefinida, o sea, nunca se llenarán. Esta respuesta es bastante inesperada: se podría preverla, pues a medida que el nivel se aproxima a la altura límite, disminuye progresivamente su velocidad de elevación; cuanto más cerca esté el nivel de líquido a su límite, tanto menos tenderá a él. Queda claro que el agua nunca lo alcanzará, por mucho que se le acerque.

No obstante, desde el punto de vista práctico, es posible formular el problema de un modo distinto. Pues, en este caso no es obligatorio que el nivel de agua coincida exactamente con el límite; por ejemplo, pueden diferir en 0,01 de altura. El tiempo que se necesita para que el agua alcance este nivel «aproximado» se determina mediante la fórmula deducida poniendo h = 0,991, donde l es la altura del nivel límite; de modo que resulta que

$$\Theta = -\frac{t^2}{2T}(0.995 - \ln 0.005) = 2,15\frac{t^2}{T}$$

Apliquemos la fórmula

$$\Theta = 2,15\frac{t^2}{T}$$

a los casos que examinamos con anterioridad.

a) T = 8min y t = 12 min:

$$\Theta = 2{,}15\frac{12^2}{8} = 38.7 \text{ min}$$

El nivel constante se alcanzará en unos 39 min.

b) T = t = 8 min:

$$\Theta = 2{,}15\frac{8^2}{8} = 17.2 \text{ min}$$

El líquido alcanzará el nivel constante en unos 17 min

c) T = 8 min y t = 6 min:

$$\Theta = 2{,}15\frac{6^2}{8} = 9.7 \text{ min}$$

El nivel de líquido será constante dentro de unos 10 min.

d) T = 30 min y t = 5 min:

$$\Theta = 2{,}15\frac{5^2}{30} = 1.8 \text{ min}$$

De hecho, el líquido alcanzará el nivel límite en menos de dos minutos.

e) Finalmente, la pila con el desagüe abierto se llenará totalmente, lo que ocurre -según determináramos anteriormente- a condición de que t = 2T, en un tiempo

$$\Theta = 2{,}15\frac{2t^2}{2t} = 4.3t = 8.6T$$

Con esto damos por terminado el análisis de los problemas de la bañera, que se nos ha hecho tan largo. Es que el asunto es mucho más complicado de lo que se imaginan aquellos autores de libros de problemas de matemáticas que a la ligera incluyen en sus obras «problemas de los depósitos», destinados a los alumnos de la escuela primaria.
Volver

74. Vórtices en el agua.
Al vaciar la bañera, nos damos cuenta de que junto a su orificio de desagüe se forma un remolino.
¿En qué sentido gira éste, en el de las agujas del reloj o en sentido contrario? ¿Por qué?

El problema planteado atrajo en su tiempo la atención de D. Grave, famoso matemático ruso, que señaló lo siguiente. «Si un recipiente se vacía mediante un orificio abierto en su fondo, encima de él se forma un torbellino de líquido que gira, en el hemisferio boreal, en sentido contrario a las agujas del reloj, y en el austral, en sentido inverso. Cada lector puede comprobar la validez de esta observación dejando salir agua de la bañera. Para que la rotación del vórtice sea más evidente, se puede echar al agua trocitos de papel. Esta experiencia evidente comprueba la rotación de la Tierra, aunque se realiza por medios caseros.»
A continuación este autor manifiesta lo siguiente: «Lo dicho permite sacar conclusiones muy importantes relativas a las turbinas hidráulicas. Si una turbina hidráulica horizontal gira en sentido antihorario, la rotación del Globo contribuirá a su funcionamiento; y a la inversa: si gira en sentido horario, el giro del Globo frenará la rotación del artefacto.» « Por ello -concluye el académico-, al fabricar nuevas turbinas hay que inclinar sus paletas de modo que giren en el sentido deseado.»
Estos razonamientos aparecen muy verosímiles. Todo el mundo sabe que la rotación de la Tierra condiciona la forma vorticial de los ciclones, un desgaste mayor del carril derecho de las vías férreas, etc. A lo mejor, se podría esperar

que la rotación del planeta influiría de alguna manera en los embudos de agua que surgen en los recipientes durante el vaciado, o en las turbinas hidráulicas.

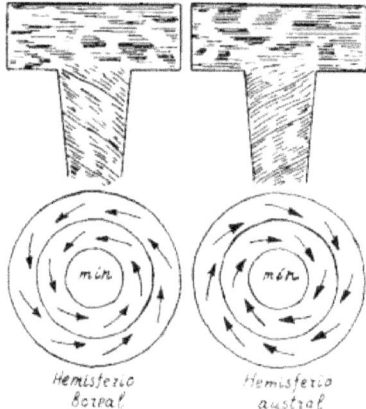

Esquema del movimiento vorticial: arriba, al salir el líquido por el desagüe de la bañera; abajo, del aire en un ciclón.

No obstante, no debemos dejarnos cautivar por esta primera impresión. El comportamiento del embudo de agua que se forma encima del orificio de vaciado se comprueba fácilmente y, de hecho, no se ajusta a la descripción que acabamos de citar: en unos casos el remolino se enrosca en sentido antihorario, y en otros, en sentido opuesto. La dirección de giro, lejos de ser constante, no revela ninguna tendencia predominante, máxime si las observaciones se llevan a cabo en diferentes recipientes, y no en uno mismo.

El cálculo nos proporciona un resultado que concuerda muy bien con las observaciones: la magnitud de la llamada aceleración de Coriolis es muy pequeña y se calcula según la fórmula siguiente:

$$\alpha = 2\omega * v \operatorname{sen} \varphi$$

donde α es la aceleración de Coriolis, v, la velocidad del cuerpo en movimiento, ω, la velocidad angular de rotación de la Tierra y φ, la latitud del lugar. Por ejemplo, en la latitud de San Petersburgo, siendo la velocidad del chorro de agua de 1 m/s se obtienen los datos siguientes: v = 1 m/s, ω = 2/86.400 s; sen φ = sen 60° = 0.87

$$\alpha = \frac{2 * 2\pi * 0.87}{86.400} \approx 0.0001 \quad \text{m/s}^2$$

Como la aceleración de la gravedad es de 9,8 m/s, la de Coriolis vale una cienmilésima de ésta. En otras palabras, el esfuerzo que surge es igual a una cienmilésima parte del peso del agua que forma el torbellino. Está claro que cualquier irregularidad en la forma del recipiente, por ejemplo, su asimetría respecto del orificio de vaciado, deberá influir mucho más en el sentido de rotación del chorro de agua que el giro del planeta. El hecho de que al observar el vaciado de un mismo recipiente a veces se suele colegir que el sentido de rotación del vórtice siempre es uno mismo, no comprueba, ni mucho menos, la tan esperada regla de rotación, pues los factores predominantes que intervienen en este caso son la forma del fondo de la pila y sus irregularidades, y no la rotación de la Tierra.

Por esta razón, a la pregunta planteada hay que responder del modo siguiente: es imposible predecir en qué sentido girará el vórtice de agua junto al orificio situado en el fondo de la pila, ya que éste depende de toda una serie de circunstancias difíciles de considerar. Además, los torbellinos que se crean en el flujo de líquido y que pudieran atribuirse a la rotación del Globo, deben de tener, según comprueba el cálculo, un diámetro mucho mayor que los pequeños remolinos que surgen en torno al orificio de vaciado de un recipiente. Por ejemplo, en la latitud de San Petersburgo, para la velocidad de corriente de 1 m/s, el diámetro de semejante torbellino debería ser de 18 m; para la velocidad de 0,5 m/s, de 9 m, etc., es decir, variaría en razón directa a la velocidad de corriente.

Como colofón vamos a acotar algo más sobre la supuesta influencia de la rotación del planeta en el funcionamiento de las turbinas hidráulicas. Teóricamente, se podría demostrar que toda rueda que gira, es incitada por la rotación de la Tierra a ocupar una posición tal que su eje sea paralelo al del planeta, y que el sentido de giro de ambos cuerpos sea

64

igual. No obstante, el efecto de semejante influencia es ínfimo, al igual que en el caso del embudo de agua formado en el recipiente que se vacía; en otras palabras, la acción del giro de la Tierra constituye menos de una cienmilésima parte de la fuerza de la gravedad. Por consiguiente, toda irregularidad de forma del cuerpo de la turbina que gira, por más insignificante que sea, de por sí muy natural e inevitable, debe influir mucho más y camuflar la influencia que el giro del Globo ejerce sobre dicho artefacto. Por lo tanto, no se han de cifrar muchas esperanzas en que la rotación de la Tierra contribuya ostensiblemente al funcionamiento de los mecanismos.
Volver

75. La riada y el estiaje.
¿Por qué en tiempo de riada la superficie del río es convexa, mientras que durante el estiaje es cóncava?

La superficie del río durante la crecida

La superficie del río durante el estiaje

El hecho de que en épocas de crecida y estiaje la superficie de los ríos no es estrictamente horizontal, se debe a que la parte central, o axial, de la masa de agua corriente tiene velocidad mayor que las partes cercanas a la orilla; la corriente es más rápida en medio del río que junto a las márgenes. Por consiguiente, durante la crecida, cuando desde la parte alta del río viene mucha agua, su grueso fluye a lo largo de la línea central del cauce; a consecuencia de esto el río «se abulta» en su parte media. Al contrario, durante el estiaje, mientras el caudal es pequeño (pues la mayor parte del agua ya está en la cuenca baja) su nivel disminuye más rápido a lo largo de la línea media que junto a las orillas, por lo que la superficie del río se vuelve cóncava.

Este fenómeno es muy notable en los ríos caudalosos y muy anchos. «En el Mississipí -dice el escritor y geógrafo francés J. Reclus en su obra La Terre, description des phénoménes de la vie du globe-, la convexidad transversal que se forma durante la crecida es de un metro por término medio...; las maderas que se transportan por flotamiento en esta época "se deslizan" de la parte central prominente del río y quedan en la orilla, mientras que en el estiaje siempre flotan aguas abajo por su parte central y se acumulan en la depresión formada en medio del río.»
Volver

76. El oleaie.
¿Por qué se curvan las crestas de las olas que lamen la costa?

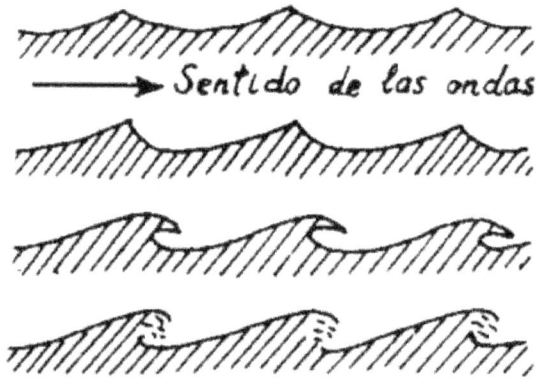

Las crestas de las olas que lamen la costa, tienen forma curvada

El encorvamiento de las crestas de olas que lamen la costa suave se debe a que la velocidad con que viajan por la superficie de aguas someras depende de la profundidad, a saber, está en razón directa con la raíz cuadrada del valor de la profundidad. Cuando las olas se propagan por encima de los bajos de mar, la elevación de sus crestas respecto al fondo es mayor que la de los valles de onda; por consiguiente, las crestas avanzan más veloces que los valles que les preceden y, adelantándose a ellos, se curvan hacia adelante.

Este mismo hecho explica la causa de otro fenómeno que se observa en el mar agitado: las olas que baten la costa siempre son paralelas a ésta. La causa radica en que cuando se acercan hacia la orilla bajo un ángulo formando barreras paralelas, las que pasan por encima del bajío cercano a la orilla antes que las otras, aminoran su paso. Es fácil ver que a consecuencia de este fenómeno la línea de olas debe cambiar la dirección de su movimiento hasta que sea paralela a la costa.

Volver

77. El problema de Colladon.

El célebre físico Jean-Daniel Colladon planteó a los estudiantes de la Academia de Ingeniería de París el problema siguiente:

«Un barco se desplazó por el Ródano aguas arriba elevándose a 170 m (desde Marsella hasta Lyon). Para calcular el trabajo realizado durante el viaje, ¿habrá que tener en cuenta también el producto del peso del barco por la altura de 170 m, además de la resistencia de la corriente?»

La superficie del río se asemeja a un plano inclinado, por eso se podría suponer que al navegar aguas arriba el barco debe realizar la misma cantidad de trabajo que un cuerpo deslizando hacia arriba por un plano inclinado. Pero no debemos olvidar que el empuje del agua equilibra el peso del barco que navega. Para elevarlo a un nivel más alto no se necesita realizar ningún trabajo y no vale la pena tomar en consideración a este último.

Lo notable es que entre los estudiantes de la academia que tuvieron que resolver este problema, uno solo dio la respuesta correcta; posteriormente aquel estudiante se hizo un ingeniero de ferrocarriles muy famoso en Francia.

Capítulo III
GASES

Contenido:

78. El tercer componente del aire.
Indique el tercer componente constante del aire atmosférico, según el porcentaje.

Muchos lectores continúan considerando «por inercia» que el tercer componente constante del aire es el bióxido carbónico que, cuantitativamente, ocupa el tercer lugar después del nitrógeno y el oxígeno. No obstante, hace mucho tiempo que se ha descubierto otro componente del aire, cuyo contenido es 30 veces mayor que el del bióxido carbónico. éste es el argón, uno de los llamados gases nobles. Su contenido en el aire es del 1 % (más exactamente, del 0,94 %), mientras que el del bióxido carbónico es del 0,03 %.
Volver

79. El gas más pesado.
Entre los elementos gaseosos, ¿cuál es el más pesado?

Sería erróneo creer que el elemento gaseoso más pesado es el cloro cuyo peso es 2,5 veces mayor que el del aire. Existen otros mucho más pesados. Si hacemos caso omiso del radón, o la emanación del radio, muy efímero, que pesa ocho veces más que el aire, tendremos que colocar en el primer lugar el gas xenón que es 4,5 veces más pesado que el aire. El aire atmosférico contiene una cantidad ínfima de xenón, a saber, cada 150 m de aire contienen 1 cm de este elemento.
Si hubiera que indicar un compuesto gaseoso en vez de un elemento gaseoso, entre los gases más pesados
tendríamos que citar el tetracloruro de silicio ($SiC1_4$) que pesa 5,5 veces más que el aire, y el carbonilo de níquel cuyo peso supera seis veces el del aire.
Los vapores de diversos gases suelen pesar más que el aire: los de bromo pesan 5,5 veces más que este último; los de mercurio, 7 veces más. (Por supuesto, el lector recuerda el rasgo más importante que sirve para distinguir entre vapor y gas: este último tiene una temperatura superior a la crítica, mientras que el primero la tiene menor que la crítica.)
Volver

80. ¿Resistimos un peso de 20 t?
Consta que la superficie del cuerpo humano mide 2 m; ¿podemos considerar que el peso total que la atmósfera ejerce sobre el hombre es de 20 t (200.000 N)?

«Resistimos un peso de 20.000 kg ejercida por la columna de aire de 300 km de altura. No la sentimos porque no solo nos oprime por arriba, sino que también nos presiona desde abajo e incluso desde dentro, equilibrándose de esa manera.» Esta figura y el pie de ella fueron tomados de un libro de divulgación científica.

Carece de todo sentido la afirmación tradicional de que el cuerpo humano soporta una fuerza de 200 kN por parte de la atmósfera. Vamos a ver, de dónde aparecen los 200 kN.

Se suele hacer el cálculo de la manera siguiente: cada centímetro cuadrado de la superficie del cuerpo está expuesto a la presión de 10 N; toda la superficie del cuerpo humano mide 20.000 cm, « por consiguiente, la fuerza total vale 200.000 N = 200 kN ».

En este caso se prescinde del hecho de que las fuerzas aplicadas a diferentes puntos del cuerpo tienen sentidos diferentes; sería ilógico sumar las fuerzas «aritméticas» dirigidas bajo cierto ángulo unas respecto a otras. Por supuesto, es posible sumarlas, pero siempre ateniéndose a la regla de adición vectorial y obteniendo un dato muy distinto del anunciado al plantear el problema. Se obtendría una resultante equivalente al peso del aire comprendido en el volumen del cuerpo. Si quisiéramos determinar la magnitud de la presión ejercida sobre la superficie del cuerpo humano en vez de la referida resultante, sólo podríamos afirmar que éste está expuesto a una presión de 10 N/cm. Hasta aquí lo que se podría decir acerca de la presión ejercida sobre nuestro cuerpo por la atmósfera terrestre. Resistimos fácilmente esta presión porque la equilibra una presión equivalente dirigida desde dentro del cuerpo; su valor absoluto no es muy elevado, de 0,1 N/mm. Esta magnitud relativamente

pequeña de la presión explica el hecho de por qué las paredes de las células de los tejidos del organismo no se destruyen por la presión bilateral.

Obtendríamos valores impresionantes de la presión formulando esta pregunta de un modo distinto, por ejemplo:
1) ¿Con qué fuerza la atmósfera terrestre oprime la parte superior de nuestro cuerpo contra la inferior?
2) ¿Con qué fuerza la atmósfera aprieta la parte izquierda y la derecha de nuestro cuerpo entre sí?

Para responder a la primera pregunta habría que calcular la fuerza de presión correspondiente al área de la sección transversal de nuestro cuerpo, o a la de su proyección horizontal (de unos 1000 cm); se obtendría una fuerza de 10 kN.

En el segundo caso tendríamos que determinar la presión ejercida sobre la proyección vertical del cuerpo (de cerca de 5000 cm); el resultado sería 5 kN.

Mas, estos datos espectaculares nos dicen lo mismo que sabíamos al empezar el cálculo, es decir, que a cada centímetro cuadrado de nuestro cuerpo corresponde una fuerza de 10 N. éstas no son sino dos formas de expresar una misma idea.

Volver

81. La fuerza del aliento.

¿Cuál es la fuerza del aliento de la persona? ¿Es menor o mayor que 1 atmósfera la presión del aire despedido con violencia por la boca?

El aire que expiramos tranquilamente tiene un exceso de presión de cerca de 0,001 at con respecto al ambiente. Al despedirlo con fuerza, lo comprimimos mucho más, elevando el exceso de presión hasta 0,1 at respecto al ambiente. Esta magnitud corresponde a 76 mm de mercurio. Dicha fuerza se manifiesta evidentemente cuando una

persona sopla aire en un extremo del tubo de manómetro de mercurio abierto, elevando el nivel de líquido en la otra rama: hay que hacer un esfuerzo considerable con los músculos pectorales para que la diferencia de niveles sea de 7 u 8 cm. (Los sopladores de vidrio experimentados son capaces de elevar el mercurio hasta 30 cm o más.)
Volver

82. La presión de los gases de la pólvora.
¿Qué presión tienen los gases de la pólvora que despiden el proyectil por la boca del cañón?

En las piezas de artillería modernas, los gases de la pólvora expulsan los proyectiles creando una presión de hasta 4000 at, lo cual corresponde a la presión de una columna de agua de 40 km.
Volver

83. Unidad de medida de la presión atmosférica.
¿Qué unidades sirven para medir la presión del aire?

Hoy en día se dan por anticuadas las unidades de medida de la presión atmosférica en milímetros de mercurio 0 en kg/cm. En la meteorología se suele emplear otra unidad, fuera del sistema de unidades, denominada «milibar».
El milibar, según indica su nombre (mili), es una milésima del bar. El bar es la unidad de la presión atmosférica equivalente a cien mil pascales. En el Sistema Internacional de unidades (SI), que se utiliza fundamentalmente hoy en día, por unidad de presión está adoptado el pascales (Pa), equivalente a la presión creada por una fuerza de 1 N distribuida uniformemente por una superficie de 1 m normal a ella. Para traducir el pascal a otras unidades se emplean las relaciones siguientes:

$$1 \text{ mm Hg} = 133 \text{ Pa; } 1 \text{ Kponds/cm} = 1 \text{ at} = 9{,}81 \approx \Box 10 \text{ Pa; } 1 \text{ bar} = 10 \text{ Pa.}$$

Volver

84. El agua contenida en un vaso boca abajo.
Es harto conocido el experimento con una hoja de papel que no se separa de los bordes de un vaso con agua puesto boca abajo. Su descripción aparece en muchos libros de texto escolares y de divulgación científica. Por lo general, este fenómeno se explica de la siguiente manera: la hoja de papel experimenta una presión de una atmósfera por abajo, en tanto que desde arriba sólo la empuja el agua cuya fuerza es mucho menor (tantas veces menor como la columna de agua de 10 m de altura, correspondiente a la presión atmosférica, es mayor que el vaso); el exceso de presión aprieta el papel a los bordes del recipiente.

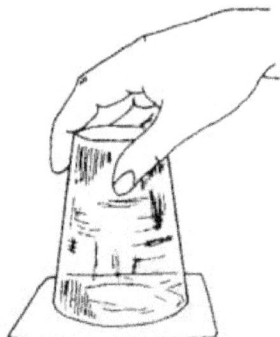

¿Por qué la hoja de papel no se desprende del vaso?

Si esta explicación es correcta, la hoja de papel estará apretada a los bordes de la vasija con una fuerza de casi una atmósfera (0,99 at). El diámetro de la boca del vaso es de 7 cm, por consiguiente, la hoja de papel estará sujeta a una fuerza de casi. No obstante, consta que para desprender la hoja de papel en este caso no se necesita tanta fuerza, sino que basta aplicar un esfuerzo insignificante. Una lámina metálica o de vidrio, que pese unas decenas de gramos, también aplicada a la boca de un vaso invertido, se desprende bajo la acción de la fuerza de la gravedad. Es evidente que esta explicación corriente del experimento no sirve.
¿Cómo explicaría usted este fenómeno?

Sería erróneo creer que el vaso sólo contiene agua y no contiene aire, pues la hoja de papel está muy pegada al líquido. Por supuesto, en este recipiente hay aire. Si entre dos superficies planas que están en contacto, no hubiera una capa de aire, sería imposible levantar ningún objeto colocado sobre la mesa, apoyado sobre ella con su base plana: habría que vencer la presión atmosférica. A1 cubrir la superficie de agua con una hoja de papel, siempre dejamos una delgada capa de aire entre ellas.

Vamos a examinar lo que ocurre en el vaso al invertirlo. La hoja de papel se comba un poco bajo el peso del líquido, y si en vez de papel se utiliza una lámina, ésta se apartará un poco de los bordes de la pieza.

Sea lo que fuere, debajo del fondo del recipiente se desocupa un espacio para el aire que había entre el agua y el papel (o la lámina); este espacio es mayor que el inicial, por lo cual el aire se rarifica y su presión disminuye.

Ahora la hoja de papel sufre la acción de toda la presión atmosférica (desde afuera) y parte de la presión atmosférica más el peso del agua (desde dentro). Ambas magnitudes, la interna y la externa, están equilibradas. Por tanto, basta aplicar un esfuerzo muy pequeño, superior a la fuerza de adhesión (o sea, a la tensión superficial de la película de líquido) para desprender el papel de los bordes del vaso.

La deformación de la hoja de papel bajo el peso del agua debe ser insignificante. Cuando el espacio de aire aumenta en 0,01 parte de su volumen, en la misma magnitud disminuirá la presión del gas dentro del vaso. La centésima parte de la presión atmosférica que falta, se compensa con el peso de los 10 cm de la columna de agua. Si inicialmente el espacio de aire entre el agua y la hoja de papel era de 0,1 mm, basta que su espesor aumente en 0,01 X 0,1, es decir, en 0,001 mm (en 1 micra) para explicar por qué la hoja de papel queda adherida a la boca del vaso invertido. Por eso no vale la pena tratar de advertir a simple vista el pandeo de la hoja.

En los libros, donde se describe este experimento, se exige a veces que el vaso esté lleno hasta los bordes, pues de otra manera será imposible obtener el efecto deseado, ya que habrá aire a ambos lados de la hoja, por lo cual la presión interna y externa del aire se equilibrará y la hoja se desprenderá bajo la acción del peso del agua. Después de realizar este experimento nos damos cuenta de que ésta es una advertencia gratuita: la hoja sigue adherida como si el vaso estuviera completamente lleno. Al apartarla un poco veremos burbujas que entran por la abertura. Este hecho comprueba que el aire contenido en el recipiente está enrarecido (en otro caso el aire ambiente no penetraría a través del agua).

Evidentemente, cuando el vaso se invierte, la capa de agua que se desplaza hacia abajo, desaloja parte del aire, en tanto que el gas que se queda, se rarifica ocupando un volumen mayor. El enrarecimiento del aire es más notable que en el caso del vaso completamente lleno: lo comprueban fehacientemente las burbujas de aire que se cuelan en el vaso si la hoja se aparta un poco. Cuanto mayor es el enrarecimiento, tanto más estará adherida la hoja al cristal.

Para terminar de describir este experimento, que no es tan sencillo como parecía a primera vista, advirtamos que la hoja de papel podrá seguir pegada al vaso a pesar de que encima de ella no haya líquido: para ello hace falta que el cristal esté mojado y la hoja no pese demasiado. En semejante caso seguirá adherida debido a la fuerza de tensión superficial de la fina película de agua. Si la circunferencia del borde del vaso mide 25 cm de longitud, la película de agua tendrá una fuerza de tensión superficial (el coeficiente de tensión superficial del agua es de $74 * 10$ N/cm) igual a

$$75 * 10^{-5} * 25 * 2 = 3750 \cdot 10^{-5} \text{ N}.$$

Esta fuerza puede sostener un peso de unos 4 g.

Por consiguiente, si la masa de la hoja de papel no supera los 4 g, ésta seguirá adherida a los bordes mojados del vaso.

Volver

85. El huracán y el vapor.

Compare la presión de un huracán y la presión de trabajo que se genera en el cilindro de una máquina de vapor. ¿Cuántas veces, aproximadamente, la primera supera la segunda?

El huracán más devastador que desprende de la tierra robles seculares y destruye muros de fábrica, ejerce una presión mucho menor que la generada dentro del cilindro de una máquina de vapor. Su presión es de unos 3000 N/m, lo cual constituye cerca de 0,03 de la presión atmosférica normal. Este dato es muy modesto: la presión del vapor en el cilindro de la máquina asciende a decenas de atmósferas aun cuando no sea una máquina con presión de trabajo muy alta. Por consiguiente, podemos afirmar que el huracán más fuerte tiene una presión cientos de veces menor que el vapor que realiza trabajo en el cilindro de una máquina de vapor.

Volver

86. La fuerza de tiro de una chimenea.

Compare el empuje del aire que una persona despide con fuerza por la boca y la intensidad de tiro de una chimenea de 40 m de alto. Si expresamos estas dos magnitudes en milímetros de mercurio, ¿cuál será la razón?

Al contemplar la chimenea de una fábrica, surge la idea de que su fuerza de tiro es enorme. Pero en realidad la fuerza de tiro de semejantes obras es muy pequeña: cuando una persona despide aire por la boca, la presión es mucho más alta.

Es muy fácil cerciorarse de esto haciendo un cálculo sencillo. La fuerza de tiro equivale a la diferencia del peso de dos columnas de aire, del exterior y del interior contenido en la chimenea (siendo iguales sus alturas y áreas de las bases). El aire interior se calienta hasta una temperatura no mayor de 300 °C, por lo cual se puede considerar que en este caso su peso se reduce aproximadamente a la mitad; luego el peso de un metro cúbico de aire interior será dos veces menor que el del mismo volumen de aire exterior. Como la chimenea mide 40 m de altura, la diferencia de peso de las dos columnas de aire, caliente y frío, equivale al peso de una columna de aire exterior de 20 m de altura. Consta que el aire atmosférico es 10.000 veces más ligero que el mercurio, por ello, la columna de aire de 20 m de altura pesará lo mismo que una de mercurio de

$$20.000 : 10.000 = 2 \text{ mm.}$$

Así pues, acabamos de determinar que la fuerza de tiro de la chimenea sólo es de 2 mm de mercurio. La fuerza que empuja el aire por tal conducto es inferior a 30 N/cm. El exceso de presión que una persona crea al despedir violentamente aire por la boca, equivale a unos 70 mm de mercurio, o sea, es 35 veces mayor que dicha fuerza. Al soplar el aire, le imprimimos una velocidad mayor que la del movimiento de gases por la chimenea más alta.

Estos resultados algo inesperados pueden dar lugar a dudas. ¿Cómo es posible que una fuerza insignificante pueda provocar una afluencia tan enérgica de aire al hogar? Pero no olvidemos que en este caso la fuerza, no muy elevada, pone en movimiento una masa bastante pequeña (un litro de aire caliente que fluye por el conducto tiene una masa de 0,65 g); por ello, la aceleración es considerable.

Por otro lado, se podría hacer la siguiente pregunta: ¿por qué hace falta levantar obras tan altas, como la chimenea de una fábrica, para crear un tiro de 2 mm de mercurio? ya que un ventilador ordinario crea un tiro mucho más eficiente. Este razonamiento viene muy al caso. Pero si no hubiera chimeneas tan altas, ¿adónde irían los gases de combustión, tan perjudiciales para la persona, los animales y las plantas? éstos deben ser disipados en la atmósfera, lo más alto que se pueda.
Volver

87. Dónde hay más oxígeno?
¿Qué aire contiene más oxígeno, el que respiramos nosotros o el que respiran los peces?

El aire respirable contiene el 21% de oxígeno. Se sabe que en un litro de agua se disuelve dos veces más oxígeno que nitrógeno. A esto se debe el elevado contenido de oxígeno -el 34 %- en el aire disuelto en el agua. (A su vez, el aire atmosférico contiene el 0,04 % de bióxido carbónico, mientras que el agua, el 2%.)
Volver

88. Las burbujas.
En un vaso lleno de agua de grifo, que se encuentra en un ambiente cálido, aparecen burbujas. Trate de explicar este fenómeno.

Las burbujas que se forman en el agua fría al empezar a calentarla, son de aire: de esa manera se desprende parte del aire disuelto en ella. A diferencia de la solubilidad de los sólidos, la de los gases disminuye al elevar su temperatura. Por ello, durante el calentamiento el agua ya no puede contener disuelta la misma cantidad de aire que antes, y el exceso de gas se desprende en forma de burbujas.

He aquí algunos datos numéricos. Un litro de agua contiene 19 cm de aire a 10 °C (agua del grifo) y 17 cm de aire a 20 °C (temperatura ambiente).

De cada litro de líquido se desprenden 2 cm de aire. Como un vaso contiene un cuarto de litro de agua, en las condiciones indicadas del vaso lleno hasta los bordes se desprenden 500 mm de aire. Dado que el diámetro medio de una burbuja es de 1 mm, de esta cantidad de gas se formarán mil burbujas.

89. Las nubes.
¿Por qué las nubes no se precipitan hacia la tierra?

A esta pregunta se suele responder frecuentemente de la siguiente manera: «Porque el vapor de agua es más ligero que el aire». Por cierto, no hay quien dude de este hecho; sin embargo, las nubes no constan únicamente de vapor de agua. éste es invisible; si las nubes sólo consistieran en él, serían perfectamente transparentes. Las nubes y la niebla (son lo mismo) constan de agua en estado líquido y no gaseoso. En este caso el asunto queda mucho más embrollado: ¿por qué, pues, las nubes flotan en el aire en vez de precipitarse a la tierra?

En cierta época predominó el criterio de que las nubes se componen de diminutas ampollas de película de agua llenas de vapor de agua. Hoy en día todo el mundo sabe que tanto las nubes como la niebla no son ampollas de agua, sino gotitas de agua de 0,01 a 0,02 mm de diámetro, e incluso de 0,001 mm. Desde luego, tales corpúsculos pesan 800 veces más que el aire seco. No obstante, a pesar de que tienen una superficie considerable en comparación con su masa, descienden con gran lentitud, puesto que el aire les opone una resistencia considerable durante la caída. Por ejemplo, las gotitas de líquido de 0,01 mm de radio caen uniformemente con una velocidad de 1 cm/s. Quiere decir que las nubes no flotan en el aire, sino que están cayendo muy lentamente; basta un flujo de aire ascendente para que una nube deje de caer y ascienda.

Conque, de hecho las nubes tienden a descender, pero su descenso es tan lento que no se advierte a simple vista o bien es contrarrestado por flujos de aire ascendentes.

Por esta misma razón están flotando en el aire las partículas de polvo, aunque la masa de muchas de ellas (por ejemplo, de las de diversos metales) supera miles de veces la del aire.

Volver

90. La bala y el balón
¿A qué objeto el aire opone mayor resistencia, a una bala o a un balón?

Sería ingenuo creer que un medio tan poco consistente como el aire no oponga resistencia más o menos notable a una bala disparada. Al contrario, precisamente la gran velocidad de movimiento de ese proyectil condiciona una considerable resistencia por parte del aire. Se sabe que una escopeta tiene un alcance de 4 km. ¿Cuál sería éste si el aire no se opusiera resistencia a la bala? Pues, ¡sería 20 veces más largo! Este hecho parece increíble; para cerciorarnos de ello, hagamos el cálculo siguiente.

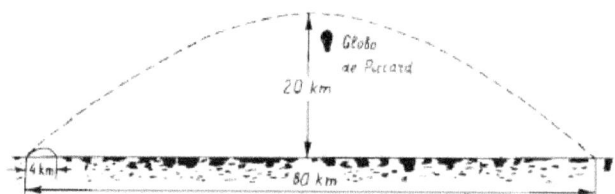

Como resultado de la resistencia del aire el alcance de la bala es de 4 km en vez de 80 km

La bala sale por la boca del cañón de la escopeta con una velocidad de unos 900 m/s. Según la mecánica, en el vacío un proyectil tiene la velocidad máxima si se arroja con un ángulo de 45° respecto al horizonte; en este caso el alcance se determina haciendo uso de la fórmula siguiente:

$$L = \frac{v^2}{g}$$

donde v es la velocidad inicial y g, la aceleración de la fuerza de la gravedad. En el caso que estamos analizando, v = 900 m/s y g ~ 10 m/s. Al sustituir v y g en la fórmula por sus valores correspondientes obtenemos el dato siguiente:L = 900^2 / 10 = 81.000 m = 81 km.

Esta influencia tan notable del aire en el movimiento de la bala se debe a que la magnitud de la resistencia del medio crece en razón directamente proporcional a la velocidad elevada a la segunda (y algo más que a la segunda) potencia, y no a la primera potencia. Por esta razón, el aire opone una resistencia tan insignificante a una pelota arrojada con una velocidad de sólo 20 m/s, que prácticamente podemos despreciarla, aplicando al movimiento de este proyectil las fórmulas de mecánica sin restricción alguna. Una pelota lanzada en el vacío bajo un ángulo de 45° al horizonte y con una velocidad inicial de 20 m/s tendría un alcance de 40 m (20^2 : 10); en condiciones reales su alcance es casi el mismo.

Debido a la resistencia del aire la pelota sigue una curva balística señalada con línea continua en vez de describir la parábola representada por la línea de trazos

Los profesores de mecánica harían muy bien si en sus ejercicios de cálculo analizaran el movimiento de una pelota en vez del desplazamiento de balas y obuses: los resultados estarían más de acuerdo con la realidad que aquellos números fantásticos que se obtienen cuando se menosprecia la resistencia que el aire ofrece a estos últimos.
Volver

91. Por qué es posible pesar un gas?

La física afirma que las moléculas de los gases están en constante movimiento. ¿De qué manera las moléculas que se mueven a gran velocidad en el vacío ejercen presión sobre el fondo del recipiente?
¿Por qué solemos considerar que el peso de un gas equivale a la suma de los pesos de las moléculas que lo componen?

Los libros de texto y los cursos de física no prestan atención a este problema tan sencillo que puede surgir en la mente de cualquier alumno y puede dejarlo perplejo. No obstante, este problema es muy fácil de resolver.
Independientemente de la dirección que sigue una molécula -hacia abajo, hacia arriba, hacia un lado o bajo un ángulo-, su movimiento «térmico» se suma a la caída a plomo provocada por la fuerza de la gravedad. Sólo estas componentes estrictamente verticales influyen en el peso de un gas; las demás velocidades puramente «térmicas» condicionan una presión igual de las moléculas de gas sobre las paredes del recipiente y no les comunican movimiento progresivo. Como dichas velocidades en modo alguno influyen en el peso del gas, para resolver este problema, con toda razón podemos abstraernos de ellas y darlas por inexistentes.
¿Qué fenómenos y magnitudes tendremos que analizar? Tendremos una lluvia de moléculas que caen a plomo rebotando del fondo e intercambiando sus velocidades durante las colisiones. El intercambio de velocidades equivale al hecho de que una molécula atraviese a otra al chocar con ella. Por ello, podemos considerar que todas las moléculas alcanzan el fondo del recipiente sin encontrar resistencia alguna. Este cuadro simplificado facilita mucho el análisis.
Así pues, observemos cómo se comporta una molécula. Al chocar contra el fondo, rebota con la misma velocidad y asciende a la altura desde la cual había caído. Desde esta misma altura la molécula cae por segunda vez, por tercera, etc. Si el tiempo de caída es t, durante un segundo la molécula chocará con el fondo n = 1/2t veces
(2t porque entre dos choques seguidos la molécula debe recorrer un trecho dos veces, una vez hacia abajo y otra hacia arriba, invirtiendo el mismo tiempo en ambos casos). El valor de t se determina utilizando la fórmula siguiente:

$$h = \frac{gt^2}{2} \Rightarrow t = \sqrt{\frac{2h}{g}}, n = \frac{1}{2t} = \frac{1}{2}\sqrt{\frac{g}{2h}}$$

donde h es la altura de caída. La velocidad que la molécula tiene al chocar con el fondo, es igual a

$$v = \sqrt{2gh}$$

El impulso p de cada choque equivale a la diferencia de cantidades de movimiento antes y después del choque:p = m * v - m * (-v) = 2 * m * v
mientras que el impulso total P de los n choques vale

$$P = np = 2mvn = 2m * \frac{1}{2}\sqrt{\frac{g}{2h}} * \sqrt{2gh} = mg$$

Así pues, cada segundo una molécula comunica al fondo un impulso igual a mg. Además,
$$P = F * t_o = F*I = F.$$

Por consiguiente, F = mg, o sea, la fuerza de choque es igual al peso de la molécula.

Queda claro que si la fuerza de choque de una molécula es igual a su peso, y todas las moléculas contenidas en el recipiente alcanzan el fondo, este último recibirá un impulso equivalente al peso total de las moléculas de gas. Recordemos que hemos sustituido el recipiente con moléculas en movimiento caótico por otro, en el cual las moléculas siguen la línea de plomada. Como dichos recipientes son iguales en lo que se refiere al peso de las moléculas, la conclusión sacada para uno de ellos también será válida para el otro.

Tal vez, el lector desee saber, de qué modo las moléculas transfieren su peso al fondo del recipiente. Las que siguen la línea de plomada, le comunican su fuerza de choque directamente o mediante otras moléculas chocando e intercambiando velocidades con ellas (recordemos que sólo se trata de la transferencia de la componente generada por la fuerza de la gravedad). Las moléculas que chocan oblicuamente con las paredes laterales rebotando hacia abajo, transmiten su fuerza de choque a través de ellas. A su vez, las que dan con la tapa o con las paredes laterales bajo un ángulo rebotando hacia arriba, le comunican un impulso menor, puesto que su velocidad disminuye a consecuencia de la acción de la fuerza de la gravedad; además, la atenuación del golpe dado hacia arriba aumenta el impulso que las moléculas comunican al fondo.

Nos queda examinar el caso de las moléculas que chocan con las paredes del recipiente bajo ángulo recto. Una molécula sujeta a la fuerza de la gravedad choca a escuadra con la pared del recipiente, mientras que si no lo estuviera, lo haría rebotando hacia arriba disminuyendo de esa manera la presión sobre el plato de la balanza que sostiene el recipiente. La gravedad anula esta disminución de presión, es decir, aumenta el peso del recipiente.

Hemos planteado el problema de la transmisión del peso refiriéndonos a los gases. Mas, de hecho, también podríamos examinar el caso de los líquidos y los sólidos, puesto que todos los cuerpos constan de moléculas que se mueven caóticamente (menos los cristales que se componen de átomos) sin asociarse unas con otras. Según vemos, en principio, las condiciones son las mismas que en el caso de los gases. Las moléculas que componen diversos cuerpos, siempre transmiten su peso al soporte mediante numerosos golpes aislados; al cambiar el estado del cuerpo, sólo se modifica el mecanismo de transmisión.

Volver

92. El ejemplo de los elefantes.

Los elefantes pueden permanecer bajo agua respirando mediante la trompa asomada a la superficie. Cuando las personas trataban de seguir este ejemplo valiéndose de un tubo, padecían de hemorragia por la boca, la nariz y los oídos; semejante práctica causaba graves enfermedades y aun la muerte de los buzos. ¿Por qué?

¿Por qué el hombre no puede seguir el ejemplo del elefante?

La causa de las alteraciones que se observan cuando una persona permanece bajo agua respirando mediante un tubo, reside en la diferencia de presión fuera y dentro del cuerpo humano.

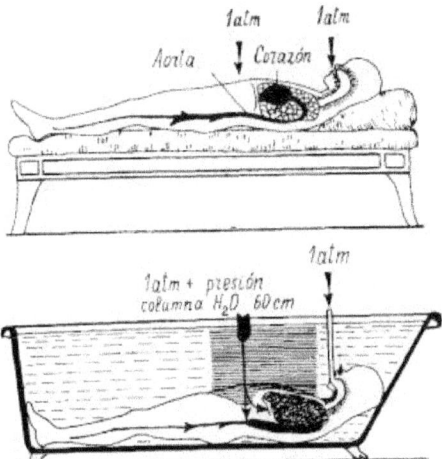

El efecto que la presión atmosférica produce en el organismo humano rodeado de aire (arriba) y sumergido en agua (abajo). La figura explica por qué el hombre es incapaz de respirar bajo agua como el elefante de la figura anterior

Desde dentro del tórax, por parte de los pulmones, el aire «normal» presiona con la fuerza de 1 at, mientras que la presión ejercida desde afuera es de 1 at + la columna de agua de altura equivalente a la profundidad de inmersión. Si se sumerge a una profundidad de 50 cm, el tórax sufre una presión excesiva desde afuera, equivalente a 50 cm de agua, o a 50 ponds/cm (5 kponds/dm). Esta circunstancia no puede menos que dificultar notablemente la respiración: se tiene que respirar soportando un peso de 15 a 20 kg aplicado al pecho. Sin embargo, el problema no sólo consiste en esto; además se altera gravemente la circulación sanguínea. La sangre se desplaza de aquellas partes del cuerpo donde la presión es más alta (las piernas y el abdomen) a las zonas de presión menor, o sea, al tórax y a la cabeza. Como los vasos de estas zonas están repletos de sangre, se dificulta la circulación de la sangre procedente del corazón y la aorta, por lo cual estos últimos se dilatan desmedidamente, a consecuencia de lo cual la persona puede morir o enfermar gravemente.

El médico austríaco R. Stiegler comprobó este efecto en una serie de experimentos y los describió en uno de sus libros. Los realizó consigo mismo, sumergiéndose enteramente en el agua y respirando mediante un tubo. R. Stiegler se dio cuenta de que cuando su pecho se encontraba a la profundidad de un metro, era imposible respirar. Sumergido a la profundidad de 60 cm, podía permanecer bajo agua durante 3,75 min, a la profundidad de 90 cm, 1 min, y a la de 1,5 m, no más de 6 s. Pero cuando se arriesgó a zambullirse a 2 m, al cabo de unos segundos su corazón se dilató tanto que el experimentador tuvo que guardar cama durante tres meses para normalizar su circulación sanguínea. Posiblemente, el lector pregunte, ¿por qué nos zambullimos a gran profundidad y permanecemos allí durante cierto tiempo sin que nos pase algo grave? Es que durante la zambullida las condiciones son muy distintas. Antes de lanzarse al agua, la persona llena de aire el pulmón; a medida que se sumerge en el agua, este aire se comprime cada vez más por la presión del líquido, ejerciendo en cada instante una presión equivalente a la de este último. Por eso, el corazón no se rellena de sangre. En la misma situación se encuentra el buzo que lleva puesta una escafandra (la presión del aire suministrado al casco es igual a la del agua), así como los operarios que se sumergen en cajones neumáticos.

Nos queda por contestar la pregunta siguiente: ¿por qué el elefante no muere cuando se sumerge en el agua asomando su trompa a la superficie? No muere porque es elefante: si nuestro organismo fuera tan resistente como el de este animal, y tuviéramos músculos tan fuertes, también podríamos sumergirnos a gran profundidad sin consecuencia alguna.

Volver

93. La presión creada en la barquilla del globo estratosférico.

El Prof. Piccard realizaba sus ascensiones a la estratosfera en una cápsula esférica de aluminio de 2,1 m de diámetro y de 3,5 mm de grosor de las paredes. En el interior de esta cápsula absolutamente hermética se mantenía la presión atmosférica normal, mientras que a la altura a que ascendía el globo la presión exterior era de 0,1 at aproximadamente.

Cada centímetro cuadrado de superficie de aquella cabina esférica experimentaba un exceso de presión de 0,9 kg (9 N/cm) desde dentro de ésta. Es fácil calcular que sus hemisferios sufrían la acción de una fuerza de 35 t (350.000 N) que tendía a separarlos. ¿Por qué, pues, la cabina resistió aquella presión tan fuerte y no se destruyó?

El profesor Piccard y su compañero de viaje, junto a la cápsula de aluminio

Es cierto que la fuerza que tiende a destruir la cápsula de Piccard es muy grande, pero esto no quiere decir que el artefacto debe reventar. Calculemos el esfuerzo de desgarre que corresponde a cada centímetro cuadrado de la sección de la envoltura. La fuerza que tiende a desgarrar la cápsula en dos hemisferios es igual a

$$0.9*10^5*\frac{\pi}{4}*2*1^2 = 350.000N$$

(no hay que partir de la superficie del hemisferio, sino de su proyección sobre el plano, es decir, del área del círculo máximo).

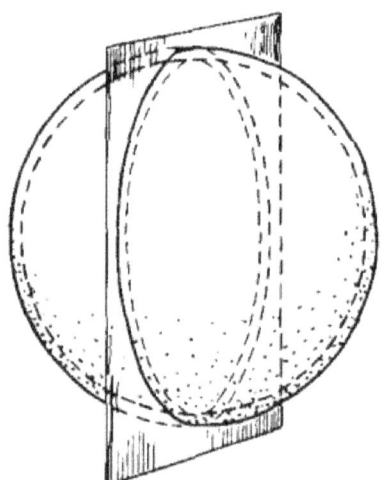

Sección de la cápsula esférica de Piccard según el círculo máximo

Dicha fuerza está aplicada al área acotada por la línea de empalme de los dos hemisferios. La pared de la cápsula esférica mide 3,5 mm = 0,35 cm de espesor, por lo cual la referida área es de unos $\pi\square*210*0.35 = 230$ cm^2

A cada centímetro cuadrado le corresponde una presión de 350.000 : 230 = 1500 N/cm^2

El aluminio se destruye bajo la carga de 10.000 N/cm^2 si es fundido, y de 25.000 N/cm^2 si es laminado. De modo que queda claro que el margen de seguridad del artefacto superaba de ocho a veinte veces la mencionada carga límite.
Volver

94. La cuerda de la válvula.
Un extremo de la cuerda que permitía manipular la válvula del globo de Piccard debía entrar en la barquilla. ¿Cómo había que asegurar el orificio por el que entraba la cuerda para que el aire no saliera de la cabina al medio ambiente enrarecido?

Para introducir una cuerda que permitiera manejar la válvula desde la barquilla hermética del globo estratostático, el Prof. Piccard inventó un dispositivo muy sencillo que posteriormente fue utilizado en semejantes globos construidos en Rusia.
En el interior de la barquilla colocó un tubo de sifón cuya rama larga se comunicaba con el espacio exterior. El tubo contenía mercurio.

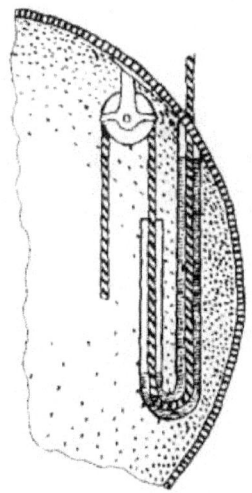

La solución de Piccard al problema de la cuerda para manejar la válvula

La presión interna de la cápsula no debía superar la externa más que en 1 at, por lo cual el nivel de mercurio de la rama larga del tubo no superaba el de la parte corta más que en 76 cm. Por el interior del tubo pasaba la cuerda de la válvula, cuyo desplazamiento no alteraba la diferencia de niveles de líquido. Se podía tirar de la cuerda sin temer que escapase aire de la barquilla, puesto que el mercurio cerraba el conducto por el cual se desplazaba la cuerda.
Volver

95. Un barómetro suspendido de una balanza.
El extremo superior del tubo de un barómetro de cubeta está sujeto a un plato de la balanza, mientras que el otro plato sostiene unas pesas que la equilibran . ¿Se alterará el equilibrio si varía la presión barométrica?

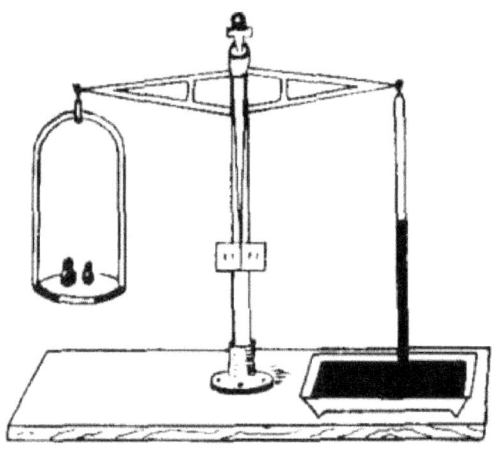

¿Oscilará la balanza si varía la presión atmosférica?

Al contemplar el tubo barométrico suspendido de la balanza, se diría que la variación del nivel de mercurio que éste contiene no debería afectar el equilibrio de los platos, puesto que la columna de líquido está apoyada sobre el mercurio contenido en la cubeta y no influye de manera alguna en el punto de suspensión. Esto es cierto; no obstante, toda variación de la presión barométrica afectará el equilibrio del artefacto

Vamos a explicar, por qué. La atmósfera presiona sobre el tubo por arriba, sin que este último le oponga resistencia alguna, ya que encima del mercurio hay un vacío. Por consiguiente, las pesas colocadas en el otro plato equilibran el tubo de cristal del barómetro y la presión que la atmósfera ejerce sobre él; como la presión atmosférica sobre la sección del tubo es exactamente igual al peso de la columna de mercurio que éste contiene, resulta que las pesas equilibran todo el barómetro de mercurio. Por ello, al variar la presión barométrica (es decir, al fluctuar el nivel del mercurio que hay en el tubo) se verá afectado el equilibrio de los platos.

Sobre este principio están basados los llamados barómetros de balanza, a los cuales se acopla fácilmente un mecanismo para registrar sus indicaciones (por ejemplo, un barógrafo).

Volver

96. El sifón en el aire.

¿Cómo hay que poner a funcionar el sifón sin inclinar el recipiente y sin emplear ningún procedimiento tradicional (succionando líquido o sumergiendo el sifón en un líquido)? El recipiente está lleno casi hasta los bordes.

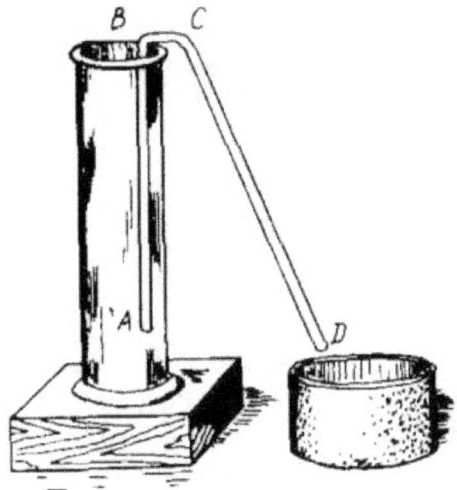

¿Existe algún procedimiento fácil para poner a funcionar este sifón?

El problema consiste en obligar al líquido a elevarse por el tubo de sifón por encima de su nivel en el recipiente y alcanzar el codo del dispositivo. Cuando el líquido pase el codo, el sifón empezará a funcionar. Esto no costará trabajo si se aprovecha la siguiente propiedad de los líquidos, muy poco conocida, de la cual vamos a hablar.

Tomemos un tubo de vidrio de un diámetro tal que se pueda tapar muy bien con un dedo. Tapándolo de esa manera vamos a sumergir su extremo abierto en el agua. Por supuesto, el agua no podrá entrar en el tubo, mas, si se aparta el dedo, entrará de inmediato, y nos daremos cuenta de que en un primer instante su nivel estará por encima del nivel del líquido del recipiente; acto seguido los niveles de líquido se igualarán.

Vamos a explicar, por qué en un primer instante el nivel de líquido en el tubo supera el del recipiente. Cuando se aparta el dedo, la velocidad del líquido en el punto inferior del tubo es $v = \sqrt{2gH}$ (con arreglo a la fórmula de Torricelli), donde g es la aceleración de la gravedad y H, la profundidad a que está sumergido el extremo del tubo respecto al nivel de líquido del recipiente.

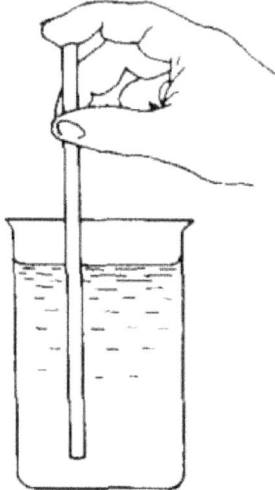

Mientras el líquido está subiendo por el tubo, su velocidad no disminuye por efecto de la fuerza de la gravedad, puesto que la porción que se desplaza, siempre sigue apoyada sobre sus capas inferiores en el tubo. En semejante caso no se observa lo que tiene lugar cuando arrojamos un balón hacia arriba. El balón lanzado hacia arriba participa en dos movimientos, uno ascendente, con velocidad (inicial) constante, y otro descendente, uniformemente acelerado (provocado por la fuerza de la gravedad). En nuestro tubo no tiene lugar ese segundo movimiento, ya que el agua que se eleva sigue siendo empujada por otras porciones de líquido que están subiendo.

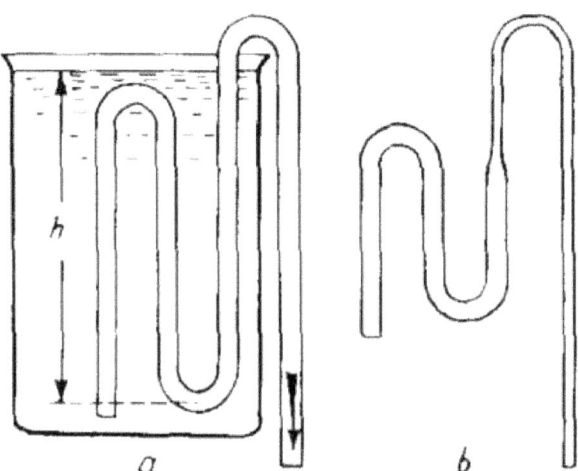

No se necesita succionar estos sifones para ponerlos a funcionar

En suma, el agua que entra en el tubo, alcanza el nivel de líquido del recipiente con una velocidad inicial $v = \sqrt{2gH}$. Es fácil comprender que, teóricamente, debería elevarse rápidamente a otro tanto de altura H. El rozamiento disminuye notablemente su altura de elevación. Por otro lado, también se puede aumentarla reduciendo el diámetro de la parte superior del tubo.

80

Por cierto, a la vista está cómo podemos aprovechar el fenómeno descrito para poner a funcionar el sifón. Tapando muy bien un extremo del sifón, el otro se sumerge en el líquido a la profundidad máxima posible (para aumentar la velocidad inicial, pues cuanto mayor es H, tanto mayor será $v = \sqrt{2gH}$). Acto seguido hay que retirar rápidamente el dedo del tubo: el agua subirá por éste superando el nivel de líquido de fuera, pasará por el punto más alto del codo y empezará a descender por otra rama; de esa manera el sifón empezará a funcionar.

En la práctica es muy cómodo aplicar el procedimiento descrito si el sifón tiene forma adecuada. En la figura, a se aprecia un sifón de este tipo que funciona por sí mismo. Las explicaciones que acabamos de exponer permiten comprender cómo funciona. Para elevar el segundo codo, la parte correspondiente del tubo debe tener un diámetro algo menor, por lo cual el líquido que pasa del tubo ancho al estrecho, subirá a una altura mayor.

Volver

97. El sifón en el vacío.
¿Funcionaría el sifón en el vacío?

A la pregunta de «¿Es posible el trasiego de líquido en el vacío mediante un sifón?» se suele responder terminantemente: « ¡No, es imposible!».

Por regla general, la circulación del líquido en el sifón se atribuye únicamente a la presión del aire. Pero esta suposición es un prejuicio «físico». «En un sifón rodeado de vacío el líquido fluye libremente. En principio, el sifón con líquido funciona perfectamente aunque no exista presión del aire» -dice el Prof. R.V. Pol en su libro*Introducción a la mecánica y la acústica* .

¿Cómo se explicaría, pues, el funcionamiento del sifón sin atribuirlo a la acción de la atmósfera? Para explicarlo, ofrecemos el siguiente razonamiento: la parte derecha del «hilo» de líquido contenido en el sifón es más larga y, por ende, es más pesada, por lo cual arrastra el resto de líquido hacia el extremo largo; una cuerda sostenida mediante una polea ilustra muy bien este hecho.

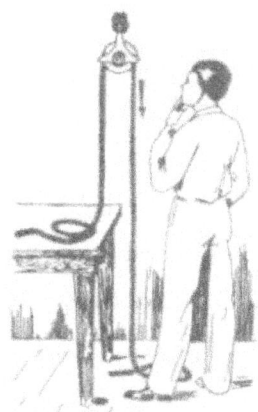

Explicación evidente de cómo funciona el sifón.

Ahora vamos a examinar el papel que la presión del aire desempeña en el fenómeno descrito. ésta sólo asegura que el «hilo» de líquido sea continuo y no salga del sifón. Pero en determinadas condiciones dicho «hilo» puede mantenerse continuo únicamente merced a la adhesión entre sus moléculas, sin que intervengan fuerzas externas.

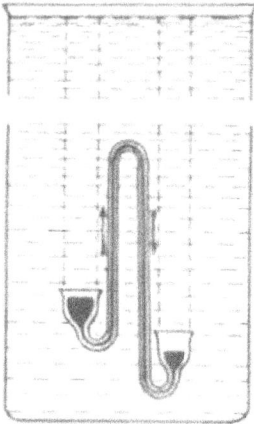

Trasiego del mercurio mediante un sifón sumergido en aceite. La continuidad del "hilo" de mercurio en el tubo se asegura con la presión del aceite; esta última hace las veces de la presión atmosférica e impide la formación de burbujas de aire en el agua

«Por lo general, el sifón deja de funcionar en el vacío, sobre todo cuando en su punto más alto hay burbujas de aire. Pero si en las paredes del tubo no hay restos de aire, al igual que en el agua contenida en el recipiente, y se maneja con cuidado el artefacto, es posible ponerlo a funcionar en el vacío. En este caso la adhesión entre las moléculas de agua garantiza la continuidad de la columna de líquido» (E. Grimsel, Curso de física).

El Prof. R. Pol en su libro, citado más arriba, le apoya de una manera muy categórica diciendo lo siguiente: «Durante la enseñanza de la física elemental se suele muy a menudo atribuir el funcionamiento del sifón a la presión del aire. No obstante, esta afirmación sólo es válida con muchas restricciones. De hecho, el principio de funcionamiento del sifón no tiene nada que ver con la presión del aire.» A continuación, este autor pone el ejemplo de una cuerda sostenida mediante una polea, mencionado más arriba, y prosigue: «Lo mismo también es válido para los líquidos, que se resisten a la «rotura», igual que los sólidos. Por ello, el fluido no debe contener burbujas» ... A continuación este autor describe una experiencia consistente en el trasiego de líquidos mediante un sifón, además, el papel de presión atmosférica lo desempeñan dos émbolos con carga, o la presión de otro líquido de densidad más baja: ésta no deja que el «hilo» de líquido se rompa aunque contenga glóbulos de aire

Es cierto que no hay nada nuevo debajo de la luna. Es que la explicación correcta del funcionamiento del sifón, que se ajusta muy bien a lo que acabamos de exponer, data de hace más de dos milenios y se remonta a Herón, mecánico y matemático de Alejandría, siglo I a.C. Este sabio ni siquiera sospechaba que el aire tiene peso, por lo cual no incurrió - a diferencia de los físicos de nuestra época- en el error que acabamos de analizar.

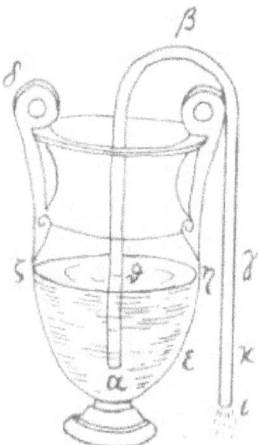

Representación del sifón tomada del tratado de Herón de Alejandría

He aquí lo que dice: «Si el orificio libre del sifón se encuentra a la misma altura que el nivel de líquido del recipiente, no saldrá agua del sifón, aunque esté repleto... En este caso el agua estará en equilibrio. Pero si el orificio libre se encuentra por debajo del nivel de líquido, éste saldrá del sifón, puesto que la cantidad de agua del tramo kB pesa más que la del tramo B,9 y la arrastra hacia abajo.»
Volver

98. El sifón para los gases.
¿Sería posible trasvasar gases utilizando un sifón?

Es posible trasegar gases mediante un sifón. Para ello es necesario que intervenga la presión atmosférica, puesto que las moléculas de los fluidos no están adheridas unas a otras. Los gases más pesados que el aire, por ejemplo, el gas carbónico, se trasvasan mediante el sifón de la misma manera que los líquidos si el recipiente del que sale gas está colocado por encima del otro. Además, también es posible trasegar aire mediante el sifón siempre que se aseguren las condiciones siguientes.

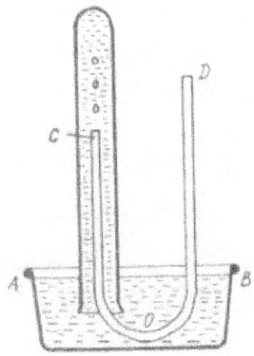

El brazo corto del sifón se introduce en una probeta ancha, llena de agua, e invertida sobre un recipiente con agua, de modo que su boca se encuentra por debajo del nivel del líquido de este último. El otro extremo D del sifón se tapa muy bien con un dedo para que en el tubo no entre agua al introducirlo en la probeta. Cuando se destapa el orificio D, a través del sifón empiezan a entrar glóbulos de aire en la probeta, lo cual significa que este aparato comienza a funcionar.

Para explicar, por qué el sifón introduce aire exterior en la probeta, fijémonos en que a nivel del punto C el líquido experimenta la presión de 1 at, dirigida desde abajo, mientras que desde arriba presiona una atmósfera menos el peso de la columna de agua comprendida entre los niveles C y AB. Precisamente este exceso de presión empuja el aire exterior hacia dentro de la probeta.

Volver

99. Elevación del agua mediante una bomba.

¿A qué altura eleva agua una bomba de aspiración ordinaria?

¿A qué altura elevará el agua, semejante bomba?

La mayoría de los libros de texto afirman que es posible elevar agua mediante una bomba de aspiración a una altura no mayor de 10,3 m sobre su nivel fuera de la bomba. Mas, muy raras veces se añade que la altura de 10,3 m es una magnitud puramente teórica y es imposible de alcanzar en la práctica, ya que durante el funcionamiento de la bomba entre su émbolo y las paredes de la tubería inevitablemente se cuela aire. Además, hay que tener en cuenta que en condiciones normales el agua contiene aire disuelto (un 2 % de su volumen; véase la respuesta a la pregunta 88). Este aire se desprende al espacio vacío que se forma debajo del émbolo mientras la bomba funciona, creando cierta presión e impidiendo de esa manera que el agua suba a la altura teórica de 10,3 m. Por lo general, dicha magnitud suele ser 3 m menor, por lo que semejantes bombas de pozo nunca elevan agua a una altura mayor de 7 m.

En la práctica, el sifón tiene casi la misma altura límite cuando se emplea para transportar agua por encima de presas o colinas.

Volver

100. La salida del gas.

Bajo la campana de una bomba de aire se encuentra una botella cerrada con gas a presión normal. Si se abre la válvula de la botella, el gas saldrá al vacío con una velocidad de 400 m/s.
¿Con qué velocidad saldría el gas si su presión inicial en la botella fuera de 4 at?

Parecería que un gas comprimido con una fuerza cuatro veces mayor debería salir con mayor velocidad. No obstante, cuando el gas sale al vacío, su velocidad de salida casi no depende de su presión. Un gas muy comprimido sale con la misma velocidad que otro, que lo esté menos.

Esta paradoja física se explica por el hecho de que el gas comprimido se encuentra bajo presión alta; a su vez, la densidad del fluido que se pone en movimiento por efecto de dicha presión, también aumenta en la misma proporción (ley de Mariotte). En otras palabras, al elevar la presión, aumenta la masa del gas que se impele, además, tantas veces como crece la fuerza impulsora.

Se sabe que la aceleración de un cuerpo es directamente proporcional a la fuerza aplicada e inversamente proporcional a la masa de dicho cuerpo. Por esta razón, la aceleración de salida del gas (y la velocidad que ella condiciona) no debe depender de su presión.

Volver

101. Un proyecto de motor que no consume energía.

La bomba de aspiración eleva agua porque debajo de su émbolo se crea vacío. Con el vacío máximo que se realiza en la práctica, el agua sube a 7 m. Pero si durante este proceso sólo se crea vacío, para elevar agua a 1 m y a 7 m se necesitarán iguales cantidades de energía.
¿Sería posible aprovechar esta propiedad de la bomba de agua para crear un motor que no consumirá energía? ¿De

qué manera?

El supuesto de que el trabajo invertido en elevar agua mediante una bomba de aspiración no depende de su altura de elevación, es erróneo. De hecho, en este caso sólo se invierte trabajo en practicar vacío debajo del émbolo; pero para ello se requieren diferentes cantidades de energía, según la altura de la columna de agua elevada por la bomba. Vamos a comparar el trabajo que el émbolo realiza en una carrera para elevar agua a 7 m y a 1 m.

En el primer caso el émbolo sufre la presión de 1 at dirigida desde arriba, o sea, soporta el peso de una columna de agua de 10 m de altura (vamos a utilizar números enteros). Por abajo lo empuja la presión atmosférica (de 10 m H_2O), disminuida en el peso de la columna de agua de 7 m de altura y la elasticidad del aire desprendido del líquido y acumulado debajo de dicho elemento; por lo visto, la elasticidad del gas equivale a 3 m de la columna de agua, puesto que la altura de 7 m es límite. Luego para elevar agua se necesita vencer la presión de una columna de agua de

$$10 - (10 - 7 - 3) = 10 \text{ m}$$

de altura, es decir, la presión atmosférica normal.

En el segundo caso, cuando se eleva agua a 1 m, por arriba el émbolo también sufre la presión de 1 at, mientras que la presión ejercida desde abajo es de

$$10 - 1 - 3 = 6 \text{ m.}$$

De modo que se necesita superar la presión de una columna de agua de 10 - 6 = 4 m. Como en ambos casos la carrera del émbolo es la misma, el trabajo invertido en elevar agua a 7 m de altura es

$$10 : 4 = 2,5 \text{ veces}$$

mayor que el requerido para elevarla a 1 m.

Así pues, se disipan las esperanzas de obtener un motor que no consume energía.

Volver

102. Sofocar incendios con agua hirviendo.

El agua hirviendo sofoca un incendio más rápido que el agua fría, pues absorbe el calor de vaporización de las llamas y las envuelve en vapor, impidiendo de esa manera el acceso de aire.
¿Sería mejor que los bomberos siempre tengan preparadas cisternas de agua hirviendo para sofocar incendios?

La bomba de incendios no podrá aspirar agua hirviendo, ya que debajo de su émbolo habrá vapor de 1 at de tensión en vez de aire enrarecido.

Volver

103. Un gas contenido en un recipiente.

El recipiente A contiene aire comprimido a una presión superior a 1 at a temperatura ambiente. La columna de mercurio del manómetro indica la presión del gas comprimido. Al abrir la válvula B, ha salido cierta cantidad de gas, y la columna de mercurio del tubo manométrico ha bajado hasta la altura correspondiente a la presión normal. Cierto tiempo después se advirtió que a pesar de que la llave permaneció cerrada, el mercurio volvió a subir. ¿Por qué?

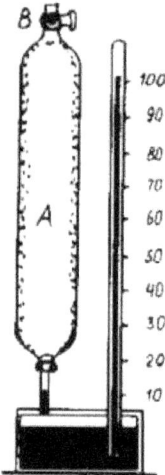

Figura 82.

Por supuesto, la elevación de la columna de mercurio en el manómetro comprueba que ha aumentado la presión del gas contenido en el recipiente. Es fácil comprender por qué ha crecido: al abrir la llave, el aire del recipiente se ha enfriado a consecuencia del enrarecimiento rápido, y su temperatura ha descendido por debajo de la del ambiente. Poco rato después, cuando la temperatura del gas ha vuelto a aumentar, también ha crecido su presión (con arreglo a la ley de Gay-Lussac).
Volver

104. Una burbuja en el fondo de un océano.
Si cerca del fondo de un océano, a una profundidad de 8 km, se formara una burbuja, ¿subiría ésta a la superficie?

Una burbuja situada a la profundidad de 8000 m debe de sufrir una presión de unas 800 at, pues cada 10 m de la columna de agua equivalen aproximadamente (según el peso) a una atmósfera. La ley de Mariotte afirma que la densidad del gas es inversamente proporcional a la presión. Aplicando esta ley al caso que estamos analizando, podemos concluir que la densidad del aire a la presión de 800 at será 800 veces mayor que a presión normal. El aire que nos rodea es 770 veces menos denso que el agua. Por esta razón, el aire de la burbuja que se encuentra en el fondo de un océano debe ser más denso que el agua, por consiguiente, no podrá emerger.
No obstante, esta conclusión deriva del supuesto equivocado de que la ley de Mariotte sigue siendo válida a la presión de 800 at. Ya a la presión de 200 at el aire se comprime 190 veces en vez de 200; a la presión de 400 at, 315 veces. Cuanto mayor es la presión, tanto más notable es la diferencia respecto de la magnitud establecida por la ley de Mariotte. A la presión de 600 at el aire se comprime 387 veces. Si ésta sube hasta 1500 at, este gas se comprime 510 veces, y si la presión sigue aumentando, se comprimirá muy poco, como si fuera un líquido. Por ejemplo, a la presión de 2000 at la densidad del aire sólo aumenta 584 veces en comparación con la normal, o sea, alcanza 3/4 de la densidad del agua.
Volver

105. La rueda de Segner en el vacío.
¿Giraría la rueda de Segner en el vacío?

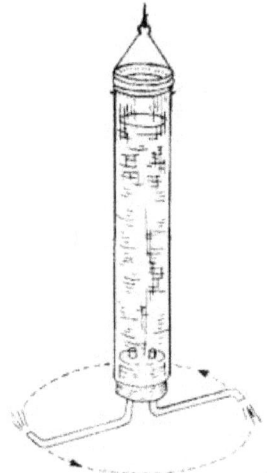

¿Giraría la rueda de Segner en el vacío?

Los que consideran que la rueda de Segner gira a consecuencia de que el chorro de agua empuja al aire, estarán seguros de que en el vacío no girará. No obstante, dicho artefacto gira por otra causa. Su movimiento es provocado por una fuerza interna, a saber, por la diferencia de la presión que el agua ejerce sobre el extremo abierto y cerrado del tubo. Este exceso de presión no depende en absoluto del medio, dentro del cual se encuentra el dispositivo, bien sea el vacío o el aire. Por ello, en el vacío la rueda de Segner girará mejor que en el aire, pues el medio ambiente no le opondrá ninguna resistencia.

El físico norteamericano H. Goddard realizó con éxito un experimento similar, en el cual la fuerza de retroceso de una pistola que dispara bajo la campana de una bomba de vacío pone a funcionar un diminuto tiovivo.

Los cohetes vuelan en el espacio cósmico empujados por la misma fuerza de retroceso que se crea durante la salida de los gases.

Volver

106. El peso del aire seco y húmedo.
¿Qué pesa más, un kilómetro cúbico de aire seco u otro de aire húmedo si las temperatura y presión son las mismas?

Es sabido que un metro cúbico de aire húmedo es una mezcla de un metro cúbico de aire seco con otro de vapor de agua. Por ello, a primera vista parece que un metro cúbico de aire húmedo pesa más que otro de aire seco y que la diferencia es igual al peso del vapor contenido en el primero. Sin embargo, esta conclusión es errónea: el aire húmedo es más ligero que el seco.

La causa consiste en que la presión de cada uno de los componentes es menor que la de toda la mezcla (el aire seco y húmedo tienen presión igual); al disminuir la presión, también se reduce el peso de cada unidad de volumen del gas. Expliquémoslo con más detalle. Designemos con f at la presión del vapor contenido en el aire húmedo (f < 1). En este caso la presión del aire seco en un metro cúbico de mezcla será de 1 - f. Si designamos con r el peso de un metro cúbico de vapor a cierta temperatura y presión atmosférica, y con q el de un metro cúbico de aire seco, entonces, a la presión de f atmósferas, 1 m3 de vapor pesará fr y 1 m3 de aire, (1 -f)q.

El peso total de un metro cúbico de mezcla será igual a

fr + (1 -f)q.

Es obvio que si r < q (de hecho lo es, puesto que el vapor de agua es más ligero que el aire), entonces

$$fr + (1-f) q < q,$$

es decir, un metro cúbico de mezcla de aire y vapor será más ligero que otro de aire seco. En efecto, como r < q, serán válidas las desigualdades siguientes:

$$fr < fq, \Rightarrow fr + q < fq + q, \quad fr + q - fq < q, \Rightarrow fr + (1 - f) q < q.$$

Conque, a una misma temperatura y presión un metro cúbico de aire húmedo tiene un peso menor que otro de aire

seco.
Volver

107. El vacío máximo.
¿Hasta qué grado rarifican el aire las bombas modernas más eficientes?

Las bombas de vacío modernas permiten practicar un vacío de 10 at, lo cual equivale a una cienmilmillonésima de atmósfera.
En las bombillas eléctricas de vacío que funcionan largo tiempo, el grado de rarefacción del aire es similar a éste; cuanto más funcionan, tanto más se rarifica el gas que contienen: al cabo de 250 horas de estar encendidas, el aire se enrarece unas 1000 veces (debido al hecho de que las paredes y demás elementos de la ampolla atraen los iones que se forman mientras la bombilla está encendida).
Volver

108. ¿Qué es lo que se entiende por «vacío»?
¿Cuántas moléculas, aproximadamente, se quedarán en un recipiente de 1 litro de capacidad, del cual ha sido evacuado el aire mediante la bomba moderna más eficiente?

Los lectores que nunca han tratado de calcular cuántas moléculas de aire se quedan en un recipiente de 1 cm de capacidad al disminuir 100.000.000.000 de veces la presión del aire que éste contiene, a duras penas podrán responder de alguna manera a esta pregunta. Vamos a hacer el cálculo.
A la presión de 1 at un centímetro cúbico de aire contiene27.000.000.000.000.000.000 = 27 * 10^{18} moléculas (éste es el número de Loschmidt). Un decímetro cúbico tiene 1000 veces más: 27*10^{21} . Al disminuir la presión 100.000.000.000 (10^{11}) veces más, deberán quedar27*10^{21} / 10^{11} = 27*10^{10} = 270.000.000.000moléculas. He aquí su composición química:

> 200.000.000.000 moléculas de nitrógeno
> 65.000.000.000 moléculas de oxígeno
> 3.000.000.000 moléculas de argón
> 450.000.000 moléculas de gas carbónico
> 3.000.000 moléculas de neón
> 20.000 moléculas de criptón
> 3.000 moléculas de xenón.

Volver

109. ¿Por qué existe la atmósfera?
¿A qué se debe la existencia de la atmósfera?
Las moléculas de aire están o no están sujetas a la fuerza gravitatoria. Si no lo están, ¿por qué no se dispersan en el espacio vacío que rodea la Tierra? Si lo están, ¿por qué, lejos de precipitarse a la superficie terrestre, se mantienen encima de ella?

Por cierto, las moléculas de aire están sujetas a la fuerza de la gravedad a pesar de que se mueven constantemente y con gran rapidez (con la velocidad de la bala disparada). La atracción terrestre disminuye la componente de su velocidad dirigida desde la superficie terrestre, impidiendo de esa manera que las moléculas que integran la atmósfera escapen del planeta.
A la pregunta de ¿por qué las moléculas que componen la atmósfera no se precipitan a la tierra? hay que contestar del modo siguiente: es que no dejan de precipitarse hacia la superficie terrestre, pero, al ser absolutamente elásticas, rebotan de sus «congéneres» que les vienen al encuentro, y de la tierra, manteniéndose siempre a cierta altura.
La altitud del límite superior de la atmósfera terrestre depende de la velocidad de las moléculas más rápidas. Si bien la velocidad media de las moléculas que forman la atmósfera es de unos 500 m/s, algunas de ellas pueden moverse con mucha mayor velocidad. Son muy pocas las moléculas que tienen una velocidad siete veces mayor (de 3500 m/s), la cual les permite subir hasta una altura de

$$h = \frac{v^2}{2g} = \frac{3500^2}{2*9.8} \approx 600 km$$

Este hecho explica la presencia de «huellas» de atmósfera a la altura de 600 km de la superficie terrestre.
Volver

110. Un gas que no llena todo el recipiente.
¿Llenarían siempre los gases todo el espacio en que se encuentran?
¿Sería posible que un gas ocupe parte del recipiente dejando desocupada la otra?

Estamos acostumbrados a considerar que el gas siempre ocupa todo el volumen del recipiente que lo contiene. Por eso cuesta trabajo suponer, en qué condiciones un gas puede ocupar parte del recipiente, dejando libre la otra parte. Sería, pues, una absurdidad «física».

Pero no cuesta ningún trabajo «crear» mentalmente tales condiciones para que tenga lugar este fenómeno paradójico. Supongamos que disponemos de un tubo de 1000 km de longitud colocado verticalmente respecto de la superficie terrestre, cuyo interior se comunica con el medio ambiente. La columna de aire dentro del tubo tendrá una altura de 500 a 700 km, mientras que el resto del mismo, a lo largo de cientos de kilómetros, no contendrá ningún gas, sin importar que el tubo esté abierto o cerrado. Por ello, el gas no siempre sale del recipiente abierto al espacio vacío que lo rodea. Se podría observar semejante fenómeno en un recipiente de altura mucho menor, por ejemplo, de unas cuantas decenas de metros, que contiene poco gas, en particular, pesado y a una temperatura bastante baja.

Capítulo IV
FENOMENOS TERMICOS

Contenido:

Sabe Usted De Física

111. El origen de la escala de Reaumur.
¿Por qué en la escala de Reaumur el punto de ebullición del agua está señalado con el número 80?

El termómetro original de Reaumur se parecía muy poco al actual. No era de mercurio, sino de alcohol. Reaumur graduó su escala partiendo de un solo punto de referencia constante, o sea, de la temperatura de fusión del hielo, marcado con el número 1000, y utilizando alcohol cuyo coeficiente de dilatación térmica era igual a 0,0008. El inventor estableció que la división de un grado de la escala termométrica ha de equivaler al aumento del volumen de alcohol en una milésima parte. En este caso el punto de ebullición del agua debería estar 80 grados más alto que el punto de fusión del hielo y correspondería a 1080 grados. Posteriormente señaló el punto de fusión del hielo con 0, por lo cual el de ebullición del agua fue designado (y lo es hasta hoy día) con 80 grados.
Volver

112. El origen de la escala de Fahrenheit
¿Por qué en la escala de Fahrenheit el punto de ebullición del agua está marcado con el número 212?

El invierno de 1709 en Europa Occidental fue muy duro. Durante un siglo no hizo tanto frío allí. De modo que era natural que el físico danés Fahrenheit, que vivía en la ciudad de Dantzig, para señalar los puntos constantes de la escala de su termómetro, adoptase por cero la temperatura mínima que se registró aquel invierno. Una mezcla refrigerante de hielo, sal común y sal amoníaca le permitió bajar la temperatura hasta tal grado.
Para marcar otro punto constante de su termómetro, Fahrenheit, siguiendo a sus antecesores (entre ellos Isaac Newton), eligió la temperatura normal del cuerpo humano. En aquel tiempo generalmente se creía que la temperatura del ambiente nunca supera la de la sangre humana, y se suponía que si tal cosa sucede, el hombre morirá (éste es un criterio absolutamente erróneo).
En un principio, Fahrenheit marcó este segundo punto constante con el número 24, por la cantidad de horas del día solar medio, pero posteriormente se dio cuenta de que semejantes divisiones de la escala termométrica eran demasiado grandes. El inventor dividió cada grado en cuatro partes, por lo cual la temperatura del cuerpo humano se designó con el número 24 · 4 = 96. De esta manera estableció definitivamente el valor de la división equivalente a un grado. Graduando la escala de abajo arriba, determinó que la temperatura de ebullición del agua era igual a 212 grados.
¿Por qué Fahrenheit no utilizó la temperatura de ebullición del agua como el segundo punto constante de su termómetro? No lo hizo porque sabía cuán variable es esta magnitud que depende de la presión del aire. La temperatura del cuerpo humano le parecía más segura, pues es más constante. A propósito, es interesante señalar (y es muy fácil comprobarlo mediante el cálculo) que en aquel entonces se creía que la temperatura normal del cuerpo humano era igual a 35,5 grados centígrados (un grado menos que ahora).
Volver

113. Longitud de las divisiones de la escala termométrica.
¿Son iguales las divisiones de la escala en el termómetro de mercurio? ¿Y en el otro, de alcohol?

Por supuesto, la dimensión de las divisiones de la escala termométrica está sujeta al valor del coeficiente de dilatación térmica del líquido contenido en él. Consta que al elevar la temperatura aumenta el coeficiente de dilatación térmica de todos los líquidos; cuanto más se acerca al punto de ebullición, tanto más aumenta.
Lo que acabamos de enunciar, nos permite comprender fácilmente la diferencia entre las escalas del termómetro de mercurio y de alcohol en lo que se refiere a la dimensión de sus divisiones. Por lo general, los termómetros de mercurio están destinados a medir temperaturas muy diferentes del punto de ebullición de ese líquido (357 °C). En el intervalo de 0 a 100 °C el coeficiente de dilatación del mercurio no crece considerablemente y, dado que la capacidad del tubo de vidrio del termómetro también aumenta al elevar la temperatura, no se advierte la irregularidad de dilatación del mercurio en dicho intervalo. Por ello, la escala del termómetro de mercurio es casi uniforme.
A su vez, el alcohol se utiliza en los termómetros destinados a medir la temperatura próxima al punto de ebullición de ese líquido (78 °C), por lo cual es ostensible el aumento de su coeficiente de dilatación térmica al aumentar la temperatura. Si el volumen del alcohol a 0 °C se toma igual a 100, su volumen a 30 °C equivaldrá 103, y a 780C será 110.
Queda claro que las divisiones de la escala del termómetro de alcohol deben aumentar desde cero hacia arriba.
Volver

114. Termómetro destinado para medir temperaturas de hasta 750 °C.
¿Es posible fabricar un termómetro de mercurio para medir temperaturas de hasta 750 °C?

Como la temperatura de ebullición del mercurio es de 357 °C, y el vidrio se ablanda a 500 ó 600 °C, es imposible construir el termómetro de mercurio para medir temperaturas de hasta 750 °C. No obstante, semejantes termómetros se fabrican. Para ello se utiliza el cristal de cuarzo, muy refractario (funde a 1625 °C), además, en los tubos debajo del mercurio se encuentra nitrógeno. Cuando aumenta la temperatura, la columna de mercurio empieza a comprimirlo, a consecuencia de lo cual este líquido se calienta a presión elevada (de 50 a 100 at). Por consiguiente, se eleva el punto de ebullición, y el mercurio se mantiene líquido a una temperatura de hasta 750 °C. Los termómetros de este tipo son muy caros.
Volver

115. La graduación del termómetro
Un folleto traducido del francés al ruso por León Tolstói, contiene la siguiente crítica relativa a los termómetros:
«El grado no es igual al comienzo y al final de la escala termométrica; el hecho de que los grados son espacios iguales, demuestra que la razón de cada uno de ellos al volumen del líquido que se dilata a todo lo largo del tubo, no puede ser constante.»
O sea, si, por ejemplo, la longitud de la división correspondiente a un grado mide 1 mm, la columna de mercurio de tanta altura a 0 °C contiene una parte mayor del volumen de mercurio que la misma columna de este líquido a 100 °C, cuando aumenta su volumen total. «Por tanto -concluye el autor-, no podemos dar por iguales los correspondientes intervalos de temperatura.» ¿Tendrá algún fundamento esta crítica?

El autor del folleto (y también León Tolstói, quien compartía su punto de vista) pretende refutar la siguiente tesis, sobre la cual está basado el diseño de la escala termométrica:
«Iguales intervalos de temperatura corresponden a incrementos absolutamente iguales de volumen de la sustancia termométrica.»
Descartando esta tesis, el crítico propone sustituirla con la que sigue, que da como la única correcta:
«Iguales intervalos de temperatura corresponden a incrementos relativamente iguales de volumen de la sustancia termométrica.»
No obstante, discutir cuál de estas dos afirmaciones es verdadera, sería lo mismo que discutir cuál de las unidades de longitud es más idónea para medir la distancia, el metro o el pie. Ambas tesis son convencionales, de modo que sólo se puede hablar de cuál de ellas es más conveniente, es decir, cuál de las dos hace más clara la ciencia del calor. Semejante planteamiento ya había sido enunciado en su tiempo por Dalton, por lo cual se denomina «escala de Dalton». ésta, si hubiera sido aceptada, no tendría puntos de cero absoluto: en general, toda la ciencia del calor, quedaría reformada considerablemente. Esta reforma, lejos de simplificar, complicaría extremadamente la enunciación de las leyes de la naturaleza. Por lo tanto, la escala daltoniana fue rechazada.
Volver

116. Expansión térmica del hormigón armado.
¿Por qué no se separan los componentes del hormigón armado -el hormigón y el entramado metálico- durante el calentamiento?

El coeficiente de dilatación térmica del hormigón (0,000012) es igual al del hierro; cuando varía la temperatura, ambos materiales se dilatan de igual manera y por eso no se separan uno de otro.
Volver

117. La expansión térmica máxima.
Cite un sólido que se expande más que los líquidos al calentarlo.
Cite un líquido que se expande más que los gases durante el calentamiento.

La cera es el sólido que se dilata más que los otros, incluso más que muchos líquidos. Su coeficiente de dilatación térmica es de 0,0003 a 0,0015, dependiendo de la especie, es decir, es 25 ó 120 veces mayor que el del hierro. Como el coeficiente de dilatación cúbica del mercurio vale 0,00018, y del queroseno, 0,001, la cera se dilata más que el mercurio, además, algunas de sus especies se expanden más que el queroseno.
El líquido que se dilata más que los restantes es el éter cuyo coeficiente de dilatación es 0,0016. Pero esta sustancia no bate el récord de dilatación térmica: hay un líquido que se expande 9 veces más que ella, a saber, el anhídrido carbónico líquido (CO_2) a 20 °C. Su coeficiente de dilatación térmica es 0,015, o sea, supera 4 veces al de los gases. Por lo general, el coeficiente de dilatación térmica de los líquidos aumenta más rápidamente al acercarse a la temperatura crítica, superando muchas veces al de los gases.
Volver

118. La expansión térmica mínima.
¿Qué sustancia se dilata menos que otras durante el calentamiento?

El vidrio de cuarzo posee el menor coeficiente de dilatación térmica: 0,0000003, o sea, 40 veces menor que el del hierro. Se puede sumergir en agua helada un matraz de vidrio de cuarzo, caldeado hasta 1000 °C (este vidrio funde a 1625 °C), sin temor a que se rompa. El coeficiente de dilatación térmica del diamante también es muy pequeño,

91

0,0000008, aunque supera un poco el del vidrio de cuarzo.
El metal que tiene el menor coeficiente de dilatación térmica es una marca de acero llamada invar (del fr. invar, abrev. de invariable). Esta aleación consiste en acero con 36 % de níquel, 0,4 % de carbono y otro tanto de manganeso. Su coeficiente de dilatación es 0,0000009, y el de algunas de sus marcas es menor aún, 0,00000015, es decir, 80 veces menor que el del acero ordinario. Más aún, hay marcas de invar que no se dilatan en absoluto en ciertos intervalos de temperatura.
A su coeficiente de dilatación ínfimo debe este metal sus numerosas aplicaciones; en particular, se emplea con éxito para fabricar piezas de mecanismos de precisión (péndulos de reloj) y aparatos para medir longitudes.
Volver

119. Anomalías de la expansión térmica.
¿Qué sólido se contrae cuando se calienta y se dilata cuando se enfría?

Por lo general, a la pregunta de cuál de los cuerpos se dilata al ser enfriado, se suele responder a la ligera: el hielo, olvidando que el agua posee esta dilatabilidad anómala sólo en estado líquido. El hielo, en cambio, no se dilata al ser enfriado, sino que se contrae, lo mismo que la mayoría de los cuerpos de la naturaleza.
No obstante, existen otros sólidos que se dilatan cuando se enfrían por debajo de cierta temperatura. En primer lugar, son el diamante, el óxido cuproso y la esmeralda. El diamante comienza a dilatarse al ser enfriado considerablemente, a saber, a 42 °C bajo cero, mientras que el óxido cuproso y la esmeralda presentan la misma particularidad con un frío moderado, de unos 4 °C bajo cero. Luego a 42 y 4 grados centígrados bajo cero, respectivamente, estos cuerpos tienen la densidad máxima, lo mismo que el agua a + 4° C.
El yoduro de plata cristalino (el mineral llamado yodirita, yodargirita o yodargira) se dilata al ser enfriado a temperatura ordinaria. Una varilla de goma extendida por una pesa presenta la misma particularidad: se acorta al ser calentada.
Volver

120. Un agujero abierto en una plancha de hierro.
En el centro de una plancha de hierro de 1 m de ancho hay un agujero de 0,1 mm (de grosor de un cabello humano). ¿Cómo debe variar la temperatura del metal para que el agujero se cierre por completo?

Sería erróneo creer que si la plancha se calienta considerablemente, el orificio se cerrará a consecuencia de la dilatación térmica. Por más que se la caliente, será imposible obtener semejante resultado, puesto que durante el calentamiento aumentan las dimensiones de los orificios. Esto lo explica el razonamiento siguiente.
Si no hubiera agujero, la sustancia que estaría en su lugar, se dilataría de la misma manera que el resto de la plancha: en otro caso esta última se plegaría o rompería; al contrario, se sabe que un cuerpo homogéneo que experimenta dilatación térmica, no se pliega ni se rompe. Queda claro, pues, que la plancha con agujero se dilataría como si no lo tuviera: o sea, durante el calentamiento el orificio aumentaría de la misma manera que cualquier parte de la plancha de área igual. Por consiguiente, la capacidad de los recipientes y el área de la sección interior de las tuberías, así como las cavidades de los cuerpos aumentan durante el calentamiento (y disminuyen durante el enfriamiento); en este caso el coeficiente de dilatación es el mismo que el de la sustancia que compone todo el cuerpo.
Así pues, es imposible cerrar un agujero calentando el objeto en el cual está practicado; por el contrario, su volumen aumentará. ¿Sería posible obtener este resultado mediante el enfriamiento? ¿Sería posible enfriar la plancha de hierro de modo que el agujero desaparezca?
A consecuencia de que el coeficiente de dilatación del hierro es 0,000012, mientras que sólo es posible enfriarlo hasta 273 °C bajo cero, queda claro, pues, que el diámetro del agujero no se podría disminuir más que en 0,000012 · 273, o sea, aproximadamente en 0,003. Consiguientemente, por más que cambie la temperatura, sería imposible cerrar un orificio practicado en un sólido, por pequeño que sea.
Volver

121. La fuerza de dilatación térmica.
¿Es posible impedir mecánicamente la dilatación térmica de una barra metálica o de la columna de mercurio?

Es sabido que la dilatación y contracción térmicas poseen fuerza considerable. El físico inglés J. Tyndall realizó un experimento, en el cual una barra de hierro, al contraerse debido al enfriamiento, rompió una varilla de hierro del grosor de un dedo. Por esta razón, muchos piensan que es imposible contrarrestar la fuerza de dilatación térmica de una barra o un líquido sometidos a calentamiento.
Este criterio es erróneo: a pesar de que son enormes las fuerzas moleculares que condicionan la dilatación térmica, se trata de magnitudes finitas. Por ello, es fácil calcular la fuerza que se ha de aplicar a una varilla de hierro de 1 cm^2 de sección transversal para impedir que se alargue al calentarla de 0 a 20 °C. Sólo se necesita conocer el coeficiente de temperatura de dilatación lineal del material (el del hierro es igual a 0,000012 °C^{-1}) y su resistencia al alargamiento mecánico caracterizada por el llamado módulo de elasticidad, o módulo de Young (el del hierro es de 20.000.000 N/cm^2; quiere decir que al aplicar una fuerza de 10 N por centímetro cuadrado a una varilla de hierro, su longitud aumentará en dos millonésimas y disminuirá en la misma magnitud al comprimirla con la misma fuerza).
He aquí el cálculo correspondiente. Supongamos que hay que impedir que una varilla de hierro de 1 cm^2 de sección transversal se alargue en

$$0,000012 * 20 = 0,00024$$

de su longitud. Para acortar la varilla en dos millonésimas se requiere un esfuerzo mecánico de 10 N. Por consiguiente, para acortarla en 0,00024 de su longitud, hará falta un esfuerzo de

$$0,00024 : (1 /2.000.000) = 480 \text{ N}.$$

De modo que si aplicamos a cada uno de los extremos de semejante varilla un esfuerzo de 500 N aproximadamente, entonces, al calentarla de 0 a 20 °C, su longitud no aumentará. En este caso la fuerza de dilatación de la varilla también valdrá 500 N.

De la misma manera se calcula la presión que impide que la columna de mercurio del tubo del termómetro se alargue durante el calentamiento. Tomemos el mismo intervalo de temperatura, de 0 a 20 °C. El coeficiente de dilatación del mercurio es 0,00018; bajo la presión de 1 at su volumen disminuye en 0,000003 del inicial. En nuestro caso tenemos que impedir que el mercurio se dilate en

$$0,00018 * 20 = 0,0036.$$

Por lo tanto, para evitar la dilatación del líquido, habrá que aplicar una presión de

$$0,0036 : 0,000003 = 1200 \text{ at}.$$

Este hecho comprueba que si el canal del termómetro se llena con nitrógeno comprimido hasta una presión de 50 ó 100 at (véase la respuesta 114), el grado de dilatación de la columna de mercurio no variará de manera notable.
Volver

122. Calentamiento del nivel de burbuja.
La longitud de la burbuja del nivel varía al cambiar la temperatura ambiente.
¿Cuándo la burbuja tiene dimensiones mayores, cuando hace frío o calor?

Con frecuencia a esta pregunta se suele responder que en épocas calurosas las dimensiones de la burbuja son mayores que en tiempo de frío, puesto que el gas contenido en ella. se expande debido al calor. No obstante, se olvida que en semejantes condiciones el gas no puede dilatarse: se lo impide el líquido encerrado en la ampolla. Se calientan todos los elementos del utensilio, tanto el bastidor y el tubo de cristal como el líquido y el gas de la burbuja. El bastidor y el tubo se dilatan muy poco; en cambio, el líquido se dilata más que el tubo y, por ende, deberá comprimir la burbuja.
Así que, cuando hace calor, las dimensiones de la burbuja del nivel son menores que cuando hace frío.
Volver

123. Corrientes de aire.
He aquí un fragmento tomado de una revista técnica, que describe las condiciones que favorecen la ventilación natural de los locales con calefacción.
«En los locales con calefacción central las condiciones son muy desfavorables para la ventilación natural, pues, el aire sólo circula de arriba abajo. Por ello, en tales locales hay que dejar abierto el postigo de la ventana durante largo tiempo o poner a funcionar ventiladores.
Todo orificio sirve para ventilar la habitación. El aire viciado, teniendo temperatura más alta, sale por él, y el aire fresco ocupa su lugar entrando por las rendijas de las puertas y las ventanas y aun colándose por las paredes. Si en la habitación hay una chimenea, la ventilación es más intensa. Al quemar leña se consume parte del oxígeno contenido en el aire que hay en la habitación. Los productos de combustión salen por la chimenea, y el aire fresco entra en el cuarto ocupando su lugar.»
¿Es correcta la descripción de las corrientes de aire?

Este fragmento está redactado en la forma en que se solía razonar hace más de trescientos años, cuando ni se sospechaba la existencia de atmósfera, y los cuerpos de la naturaleza se clasificaban en cuerpos pesados que se precipitan a la tierra, y ligeros, que siempre suben. No se debe creer que el aire templado sale por el respiradero, mientras que el aire fresco entra desde afuera en el local para ocupar su espacio, ya que el aire templado no sube por sí mismo, sino que es desplazado hacia arriba por el aire frío que desciende. En el fragmento citado están confundidos la causa y el efecto.
El mismísimo Torricelli, cuya famosa experiencia puso fin al temor del vacío, ridiculizó ingeniosamente la teoría que sostenía que los cuerpos ligeros tienden a emerger en el ambiente. En una de sus Lecturas Académicas dice lo siguiente:
«Un día las nereidas decidieron crear su curso de física. En lo profundo del océano instalaron su academia y se pusieron a explicar los fundamentos de la física, de la misma manera que solemos hacer en nuestras escuelas los que habitamos el océano de aire. Las curiosas nereidas echaron de ver que entre todos los objetos que ellas utilizaban bajo

93

el agua, unos bajaban, en tanto que otros subían. Entonces las ninfas, ni cortas ni perezosas, sin pensar en cómo se comportarían esos mismos objetos si se encontrasen en otros medios, dedujeron terminantemente que unos cuerpos, por ejemplo, la tierra, las piedras y los metales son pesados, pues bajan al fondo; otros, como el aire, la cera y la mayoría de las plantas, son ligeros, ya que aparecen a flor de agua...

El equívoco de las jóvenes ninfas, que clasificaron de ligeros los cuerpos que solemos catalogar entre los pesados, es bien perdonable. Me imaginé que he nacido y crecido en un anchuroso mar de mercurio. Enseguida se me ocurrió redactar un tratado de cuerpos pesados y ligeros. Empecé a disertar de la manera siguiente: como vivo en lo profundo de este mar, estoy acostumbrado a guardar todos los materiales, excepto el oro, bien amarradas para que no emerjan en la superficie. Por tanto, todos los cuerpos en general son ligeros y tienen la virtud natural de subir en el agua, menos el oro que se precipita en el mercurio. Sería muy distinta la física ideada por las salamandras (si es cierto que éstas residen en el fuego); según ellas, todos los cuerpos, incluido el aire, serían pesados.»

«Un libro de Aristóteles contiene la definición siguiente: se considera pesado aquel objeto que tiende hacia abajo; y se considera ligero aquel que tiende hacia arriba. ¿Habrá poca diferencia entre estas definiciones y las que se atribuyen a las nereidas, que concuerdan con las observaciones, pero no han sido rectificadas por la razón?»

Al cabo de tres siglos que transcurrieron desde entonces, no hemos logrado superar las nociones pretorricellianas, pues aún se encuentran afirmaciones sobre el aire templado que «tiende hacia arriba» y el frío que «ocupa su lugar».
Volver

124 Conductividad térmica de la madera v la nieve.
¿Qué es lo que resguarda mejor del frío, las paredes de madera o una capa de nieve del mismo espesor?

La nieve protege de la pérdida de calor mejor que la madera: su conductividad térmica es 2,5 veces menor. A la conductividad térmica no muy considerable de la nieve se debe el hecho de que, como suele decirse generalmente, una capa de nieve más o menos gruesa «calienta» la tierra, por lo que ésta cede menos calor al ambiente.
Volver

125. La sartén de cobre y la sartén de hierro fundido.
¿En qué caso el guisado se achicharra más, cuando se prepara en una sartén de cobre o en una de hierro fundido? ¿Por qué?

La conductividad térmica del hierro fundido es 7,5 veces mayor que la del cobre; quiere decir que en una unidad de tiempo una capa de hierro fundido transmite una cantidad de calor 7,5 veces mayor que otra de cobre del mismo espesor, siendo la misma la diferencia de temperatura a ambos lados de la capa. Queda claro, pues, que en una sartén de hierro fundido puesta sobre el hornillo el guisado se achicharra más que en otra, de cobre.
Volver

126 Enmasillado de las rendidas de las ventanas.
En los países de clima frío, las ventanas de los edificios tienen bastidores dobles para disminuir las pérdidas de calor durante el invierno. Además, suelen enmasillar las rendijas entre los cristales y el bastidor; no obstante, hay quien aconseja dejar sin enmasillar la rendija superior del marco exterior de las ventanas.
Explique el fundamento físico de este consejo.

Este consejo no tiene ningún fundamento físico: si se deja sin enmasillar alguna rendija, aumenta el escape de calor desde el interior del local, puesto que el segundo marco encristalado colocado en las ventanas disminuye las pérdidas de calor si el aire comprendido entre los cristales no se comunica en absoluto con el espacio interior y el exterior. Pero si el marco exterior tiene una rendija no enmasillada, el aire frío exterior desplazará el menos frío que se encuentra entre los cristales, se calentará y será desplazado a su vez por una nueva porción de aire frío colado desde afuera. Como en este caso el aire que ingresa, se calienta entre los cristales a expensas del calor del local, debido al cambio de aire en el espacio entre los marcos disminuirá la temperatura ambiente de la habitación. Cuanto mejor estén enmasilladas las rendijas, tanto mayor será el efecto termoaislante de los marcos de ventana.
Volver

127. En una habitación bien calentada.
El calor sólo es capaz de transmitirse de cuerpos con temperatura más alta a otros, cuya temperatura es más baja. En una habitación donde hace mucho calor, la temperatura del cuerpo humano es mayor que la del ambiente.
¿Por qué tenemos calor en este caso?

La temperatura de la superficie del cuerpo humano es de 29 (las plantas de los pies) a 35 °C (la cara), mientras que la del ambiente de las viviendas no suele exceder los 20 °C. Por ello, nuestro cuerpo no puede recibir directamente calor del medio circundante. ¿Por qué, pues, tenemos calor cuando nos encontramos en una habitación?

Tenemos calor no porque nuestro cuerpo lo absorbe del ambiente, sino porque la capa de aire que nos envuelve, lo conduce mal e impide que el cuerpo pierda calor, o sea, disminuye sus pérdidas. La capa de aire inmediata a nuestro cuerpo se calienta por el calor procedente de éste y es desplazada hacia arriba por otro aire, más frío; este último, a su vez, también se calienta y cede su lugar a otra porción de aire, etc. Es cierto que el aire templado debe absorber menos calor de nuestro cuerpo que el frío. Por eso tenemos calor estando en un cuarto con buena calefacción.
Volver

128 La temperatura del agua en el fondo de un río.
¿Cuándo es más alta la temperatura del agua de la capa cercana al fondo de un río profundo, en verano o en invierno?

Muchas veces se dice que en el fondo de ríos profundos la temperatura es una misma, de 4 °C sobre cero durante todo el año, pues a esta temperatura la densidad del agua es máxima. Para los estanques y lagos de agua dulce esta afirmación es cierta. Pero en los ríos, contrariamente a lo que se afirma, la distribución de temperaturas es distinta. El agua de los ríos no sólo se desplaza en el sentido longitudinal, sino también en el transversal, aunque estas corrientes no se advierten a simple vista. De modo que el agua se mezcla constantemente, por lo cual su temperatura junto al fondo es la misma que junto a la superficie.
La respuesta correcta a la pregunta planteada sería la siguiente: «Cerca del fondo del río más profundo la temperatura del agua en verano es más alta que en invierno, en tantos grados en cuantos la del ambiente exterior en verano es más alta que en invierno.»
Volver

129. Congelación de los ríos.
¿Por qué los ríos de corriente rápida todavía no se congelan cuando la temperatura ambiental es de algunos grados bajo cero?

Muchos piensan que en invierno los ríos de corriente rápida se demoran en congelarse porque las partículas de agua están en constante movimiento. En realidad, esto no es cierto. Las moléculas de agua siguen moviéndose aun cuando no hay corriente, con una velocidad de varios centenares de metros por segundo, por eso un aumento de velocidad de 1 a 2 m/s no influye mucho. Además -y esto es lo más importante- el movimiento del agua del río, tanto longitudinal como vorticial, entremezcla considerables masas de agua, sin alterar el movimiento de unas moléculas respecto a otras, es decir, no cambia el estado térmico del cuerpo.
Por otra parte, el hecho de que los ríos se demoran un poco en helarse al comenzar la época de frío, está condicionado por el movimiento del agua, pero de una manera algo distinta de lo que se suele creer. El agua que corre rápidamente no se congela porque se mezcla, desde el fondo hasta la superficie, por lo que tiene una temperatura más o menos igual. El agua cercana a la superficie, cuya temperatura ha bajado hasta cero grado, enseguida se mezcla con las capas inferiores, que aún no se han enfriado, a consecuencia de lo cual la temperatura de la capa superficial vuelve a ser superior a cero. Los ríos comienzan a helarse cuando la temperatura de toda el agua, desde la superficie hasta el fondo del río, sea igual a cero. Mas, para ello se necesita algún tiempo, tanto mayor cuanto más profundo es el río.
La congelación de los ríos rápidos depende del proceso de mezclado del agua. Si el agua fluye lentamente, la corriente transversal no arrastra hacia el fondo los cristales de hielo formados en la capa superficial; éstos, pegándose unos a otros, cubren la superficie del agua formando una capa sólida. Pero si la corriente es rauda, los mismos son arrastrados hacia abajo, se pegan a los objetos que encuentran y se amontonan estorbando la corriente y provocando inundaciones. En Siberia, el Angara -único río que nace en el lago Baikal-, de corriente rápida, no se hiela largo tiempo a pesar de que hace muchísimo frío; en esta época en el río se forman grandes masas de hielo que dificultan la corriente. Pero su afluente Irkut, de corriente lenta, se congela a una temperatura de pocos grados bajo cero. A veces, semejante fenómeno se observa en diferentes tramos de un mismo río: si la pendiente es notable, la corriente es rápida y no se hiela largo tiempo, además, se amontonan fragmentos de hielo que provocan inundaciones. Si, en cambio, la corriente es tranquila, el agua se congela prontamente.
Volver

130. La temperatura de la atmósfera
¿Por que en las capas superiores de la atmósfera hace más frío que en las inferiores?

Respondiendo a esta pregunta se suele comentar que los rayos solares calientan poco la atmósfera; la calienta más el calor procedente de la superficie terrestre, gracias a la conducción del calor.
«La Tierra se calienta con los rayos solares que atraviesan el aire sin calentarlo. Cuando inciden sobre la superficie terrestre, le transmiten su calor. A su vez, esta última calienta la capa de aire inmediata a ella. Por consiguiente, las capas superiores de aire están más frías que las inferiores.»
Esta explicación fue publicada en una de las revistas de divulgación científica como respuesta a la pregunta de uno de los lectores: «¿Por qué en las capas superiores de la atmósfera hace mucho frío?»
Cabe decir que el agua puesta a calentar en una cacerola se encuentra en las mismas condiciones: este líquido recibe calor del fondo del utensilio que conduce calor, pero sus capas superiores tienen la misma temperatura que las inferiores. Este hecho se debe al mezclado del líquido calentado por abajo, a la llamada convección. Si la atmósfera fuera líquida, entonces, siendo calentada desde abajo, tendría temperatura igual en cada uno de sus puntos. En la atmósfera gaseosa también hay corrientes provocadas por el calentamiento: el aire frío de las capas superiores desciende desplazando desde abajo el aire templado, pero la temperatura no se iguala. ¿Por qué?
Uno de los libros de texto da la siguiente respuesta que parece bastante verosímil. El aire que sube desde la superficie terrestre, realiza trabajo merced a la energía de su reserva de calor; por ello, cada kilogramo de aire que asciende a 427 m, debe ceder una cantidad equivalente de calor, en este caso, 1 kcal. Si consideramos que el calor específico del aire es de 0,25 kcal/(kg*grad) aproximadamente, cada 100 m de altura su temperatura debe variar en 1 °C. De hecho se observa una variación similar.
A pesar de que esta explicación concuerda con los datos reales, es del todo errónea, pues se basa en una suposición equivocada de que el aire realiza trabajo mientras asciende. En realidad, en este caso dicho fluido realiza tan poco trabajo como un corcho que emerge en el agua. El corcho no se enfría mientras sube a la superficie desde el fondo de

un lago ni realiza trabajo, sino que, por el contrario, sobre él mismo se realiza trabajo. De la misma manera el aire sube, siendo desplazado por la corriente fría que realiza trabajo para elevarlo a expensas de la energía de la masa de aire frío que desciende. Además, ¿se enfría, acaso, una bala disparada hacia arriba que realiza trabajo para subir a cierta altura? Ni mucho menos: mientras disminuye su energía cinética, aumenta la energía potencial, de manera que se observa el balance energético sin que la energía mecánica se convierta en térmica.

Ahora queda claro, por qué es errónea otra explicación del hecho de que las capas superiores de la atmósfera tienen temperatura tan baja: las moléculas del flujo de aire ascendente se desaceleran mientras suben, en tanto que la disminución de su velocidad equivale a la disminución de su temperatura. Esta conclusión también es errónea, pero equivocadamente la hicieron suya incluso algunos experimentadores de gran talla, aunque Maxwell en su Theory of Heat prevenía de ella.

«La gravedad decía éste- no influye de ninguna manera en la distribución de temperaturas en la columna de aire.» No debemos hacer caso omiso del hecho de que merced a la gravedad todas las moléculas del gas se desplazan de un modo estrictamente igual, sin alterar la posición de unas respecto a otras: se trata pues, de su traslado paralelo. Por esta razón, el movimiento de una molécula respecto de otras no varía bajo el efecto de la gravedad, lo mismo que al trasladar un recipiente lleno de gas de un lugar a otro. El movimiento térmico de las moléculas no cambia, por ello, tampoco puede cambiar la temperatura del gas.

En realidad, las corrientes ascendentes de aire se enfrían a consecuencia de su expansión adiabática. A1 mezclarse con las capas superiores de la atmósfera, cada vez más enrarecidas, el aire realiza trabajo de expansión a expensas de su reserva de calor. Cuando el gas cambia de estado variando también su presión sin recibir energía desde afuera (y sin cederla al medio exterior), se dice que semejante cambio de estado es adiabático.

En términos cuantitativos, hay que examinar este fenómeno de la manera siguiente. Si junto a la superficie terrestre la temperatura del aire es T_0 y a la altura h es T_h, mientras que la presión barométrica es P_0 y P_h, respectivamente, el descenso de la temperatura a la altura h vendrá dado por la expresión siguiente:

$$T_0 - T_h = T_0 \left[\left(\frac{P_0}{P_h} \right)^{\frac{k-1}{k}} - 1 \right]$$

Aquí, k es la razón de la capacidad calorífica del gas a volumen constante con respecto a su capacidad calorífica bajo presión constante; para el aire k = 1,4, por consiguiente, (k -1)/k = 0,29.

Por ejemplo, vamos a calcular el descenso de la temperatura del aire a la misma altura de 5,5 km, donde la presión barométrica es dos veces menor que junto a la superficie terrestre. Para simplificar, vamos a examinar el ascenso de una masa de aire seco. Tenemos, pues, la expresión que sigue:

$$T_0 - T_h = T_0 (2^{0.29} - 1) = 0.22 T_0$$

de donde

$$T_h = 0.78 T_0$$

Si junto a la superficie terrestre la temperatura es de 17 °C, 0 290 K,entonces

$$T_h = 0,78 * 290 = 226 \text{ K.}$$

Esta magnitud equivale a -49 °C, es decir, corresponde a 1°C aproximadamente por cada 100 m de altura.

La presencia del vapor de agua modifica el cálculo que acabamos de exponer: el descenso de temperatura por cada 100 m de altura, igual a 1 grado centígrado para el aire seco, disminuye casi en 0,5 grado si el aire contiene vapor de agua.

Así pues, en el seno de la atmósfera calentada por abajo, la mezcla de masas de aire no puede igualar su temperatura: el aire que asciende, se enfría a consecuencia de la expansión adiabática, mientras que el que desciende, se calienta debido a la compresión adiabática. Por esta razón, las capas superiores de la atmósfera tienen una temperatura menor que las cercanas a la superficie terrestre.

Volver

131. Intensidad de calentamiento.

¿Se necesita más tiempo para calentar el agua con un mechero de gas de 10 a 20 grados centígrados o de 90 a 100 grados?

Observando el calentamiento del agua con un reloj en la mano, es fácil cerciorarse de que el agua tarda más en calentarse de 90 a 100 °C que de 10 a 20 °C; y eso que la cantidad de agua disminuye constantemente a

consecuencia de la evaporación. Este enigma se descifra de la siguiente manera: el calor de la llama no sólo se invierte en la evaporación intensa de líquido, sino también se disipa en el ambiente debido a la emisión de calor. A temperaturas altas (de 90 a 100 °C) el agua emite mayor cantidad de energía que a temperaturas bajas (de 10 a 20 °C). Por ello, a pesar de que el agua recibe uniformemente calor, su temperatura aumentará tanto más despacio cuanto más caliente esté el líquido.
Volver

132 La temperatura de la llama de una vela.
¿Qué temperatura tendrá la llama de una vela esteárica? (un ácido graso sólido orgánico blanco de apariencia cristalina. No es soluble en agua, pero sí en alcohol y éter)

Estamos propensos a subestimar la temperatura de las fuentes de luz tan «modestas» como la llama de una vela ordinaria. Por eso, muchos se sorprenderán al enterarse de que la llama de una vela tiene una temperatura de 1b00° C (según estableció O. Lummer con arreglo a la ley de desplazamiento de Wien).
Volver

133. Los clavos y la llama.
¿Por qué los clavos no se funden en la llama de una vela?

Comúnmente se suele responder de la siguiente manera: « Pues, porque la llama de una vela no produce suficiente calor». Pero si acabamos de averiguar que la temperatura de la llama de la vela es de 1600 °C, es decir, supera en 100° la de fusión del hierro. Resulta, pues, que la llama de la vela da suficiente calor; no obstante, es incapaz de fundir dicho metal.
La causa de esto consiste en que al mismo tiempo que el clavo recibe calor de la llama, lo emite al medio ambiente. Cuanto más sube la temperatura del objeto que se calienta, tanto más intensa es la pérdida de calor; finalmente, en cierto momento la emisión y el suministro de calor se igualan, por lo cual deja de aumentar la temperatura del objeto sometido al calentamiento.
Si la llama, más exactamente, su parte más caliente, envolviera todo el clavo, durante el calentamiento la temperatura máxima de dicho objeto sería igual a la de la llama, y éste se fundiría. Como la llama sólo envuelve parte del clavo, mientras que el resto emite calor, el ingreso y la pérdida de calor se igualarán mucho antes de que la temperatura del metal se iguale con la de la llama, y aun con la de fusión del hierro.
De modo que el clavo no se funde en la llama de la vela porque ésta no lo envuelve enteramente, y no porque produce poco calor.
Volver

134. ¿Qué es la caloría?
¿Por qué la definición exacta de la caloría especifica que 1 g o 1 kg de agua deben calentarse de 14,5 a 15,5 grados centígrados?

La cantidad de calor que se necesita para aumentar la temperatura del agua en un grado, no es estrictamente igual a diferentes temperaturas. Al calentarla de 0 a 27 °C, esta cantidad disminuye gradualmente, y a partir de 27 °C aumenta. Para que la definición de la caloría sea exacta, es menester especificar a qué temperatura el agua empieza a calentarse en un grado.
He aquí la definición exacta de la caloría, adoptada por un acuerdo internacional: por caloría se entiende la cantidad de calor necesaria para elevar la temperatura de un gramo de agua de 14,5° a 15,5° bajo una presión atmosférica de 760 mm de mercurio. Según se estableció mediante cálculos, esta caloría equivale a su valor medio determinado para un intervalo de temperaturas de 0 a 100 °C; a consecuencia del cálculo se eligió la temperatura para una caloría «de 15 grados». A su vez, para el intervalo de 0 a 1°C esta unidad es en un 0,8 % menor que la calculada para los 15 °C.
Volver

135 Calentamiento del agua en tres estados.
¿Qué es más fácil de calentar en una misma cantidad de grados, 1 kg de agua líquida, 1 kg de hielo o 1 kg de vapor de agua?

Lo más fácil es calentar el vapor de agua (su calor específico es de 0,46 kcal/(kg*grad)) y luego el hielo (de calor específico igual a 0,505 kcal/(kg*grad)); la mayor cantidad de calor se necesita para calentar el agua líquida.
Volver

136. Calentamiento de un centímetro cúbico de cobre
¿Qué cantidad de calor se necesita para calentar en 1 grado centígrado 1 cm de cobre (de calor específico ~ 0,1)?

A la pregunta sobre la cantidad de calor que se requiere para calentar en un grado 1 cm^3 de cobre, a veces se suele responder equivocadamente: 0,1 cal, o sea, lo que vale el calor específico de este metal, olvidando que el calor específico no se refiere a la unidad de volumen, sino a la unidad de masa, es decir, no corresponde a 1 cm^3, sino a 1

g. Para calentar en un grado 1 cm^3 de cobre (cuya densidad es de 9 g/cm^3) se necesita 0,9 cal en vez de 0,1 cal.
Volver

137 Los cuerpos de calor específico más elevado
a) ¿Qué sólido necesita la mayor cantidad de calor para su calentamiento?
b) ¿Qué líquido necesita la mayor cantidad de calor para su calentamiento?
c) ¿Qué sustancia necesita la mayor cantidad de calor para su calentamiento?

a) Entre los sólidos, el que mayor cantidad de calor necesita para ser calentado, es el metal litio: su calor específico de 1,04 kcal/(kg*grad) es dos veces mayor que el del hielo.
b) Entre los líquidos, el mayor calor específico lo tiene el hidrógeno líquido (6,4 kcal/(kg*grad)), y no el agua, como se suele creer las más de las veces. El calor específico del amoníaco licuado también es mayor que el del agua (aunque no lo supera mucho).
c) Entre los cuerpos de la naturaleza, sólidos, líquidos y gaseosos, el que mayor cantidad de calor requiere para ser calentado, es el hidrógeno. El calor específico de esta sustancia al estado gaseoso (a presión constante) es de 3,4, y al estado líquido, de 6,4 kcal/(kg*grad). El calor específico del helio al estado gaseoso (1,25 kcal/(kg*grad)) es más elevado que el del agua.
Volver

138. El calor específico de los alimentos
Para conservar los alimentos en frío se necesita conocer su calor específico. ¿Conoce usted el calor específico de la carne, el huevo, el pescado y la leche?

He aquí los datos relativos al poder calorífico (en kcal/kg) de los alimentos enumerados al plantear el problema: carne 1797, pescado 836, huevo 1649 y leche 668.
Volver

139. El metal más fusible.
¿Cuál de los metales que se mantienen sólidos a temperatura ambiente, se funde más fácilmente?

Entre las aleaciones que se encuentran en estado sólido a temperatura ambiente, es muy fusible la aleación de Wood que consta de estaño (4 partes), plomo (8 partes), bismuto (15 partes) y cadmio (4 partes) y funde a 70 °C. Además, existe otra aleación, más fusible aún, que también debe su nombre a su inventor Lipowitz; ésta contiene menor cantidad de cadmio que la de Wood (3 partes en vez de 4) y funde a 60 °C.
No obstante, estas aleaciones no ocupan el primer lugar entre los metales más fusibles. El metal galio funde a una temperatura menor aún, a 30 °C, es decir, se derruiría en la boca de la persona, por decirlo así. El galio es el elemento 31 de la tabla de Mendeléev, «pronosticado» por D. Mendeléev en 1870 y descubierto por P.E. Lecoq de Boisbaudran en 1875.
El galio se utiliza fundamentalmente en los termómetros en vez del mercurio; su fusión empieza a 30 °C y la ebullición, sólo a 2300 °C, es decir, este elemento permanece en estado líquido en un intervalo de temperatura muy amplio de 30 a 2300 °C. Como existen marcas de vidrio de cuarzo que funden a 3000 °C, técnicamente es posible fabricar termómetros de galio. Ya se fabrican termómetros de galio para temperaturas de hasta 1500 °C.
Volver

140. El metal más refractario
Cite el metal más refractario .

Hace mucho que el platino, cuya temperatura de fusión es de 1800 °C, ha dejado de ocupar el primer puesto entre los metales refractarios. Se conocen metales cuyas temperaturas de fusión superan en 500 ó 1000 grados la e1 platino. Entre ellos figuran el iridio (2350 °C), el osmio 1700 °C), el tantalio (2800 °C) y el tungsteno (3400 °C).
El tungsteno es el metal más difícilmente fusible entre los que se conocen (se emplea para los filamentos de lámparas de incandescencia).
Volver

141. Calentamiento del acero
¿Por qué se destruye el entramado de acero de los edificios durante el incendio, aunque este metal no se inflama ni se funde por las llamas?

Las barras de acero se vuelven menos resistentes cuando sufren la acción de una temperatura muy alta. A los 500 °C su resistencia a la rotura es dos veces menor que a 0 °C; a los 600 °C es tres veces menor; a los 700 °C disminuye casi siete veces. (He aquí datos más exactos: si adoptamos por unidad su resistencia a 0°C, entonces la resistencia a 500 °C valdrá 0,45; a 600 °C, 0,3; a 700 °C, 0,15.) Por esta razón, durante los incendios las estructuras de acero se desploman bajo la acción de su peso.
Volver

142. Una botella de agua colocada dentro de trozos de hielo.
a) ¿Se podría colocar una botella tapada llena de agua dentro de una masa de hielo en derretimiento sin temor a que se rompa?
b) Una botella llena de agua se encuentra dentro de una masa de hielo a 0 °C, y otra, dentro de agua a la misma temperatura. ¿En cuál de las botellas el agua se congelará antes?

a) Si se congelara el agua contenida en la botella, el vidrio se rompería a consecuencia de la dilatación del hielo. No obstante, en las condiciones especificadas el agua no se helará. Para ello no sólo habría que reducir la temperatura hasta 0 °C, sino también haría falta disminuir el calor latente de fusión en 80 calorías por cada gramo de agua que se congela. El hielo, dentro del cual se encuentra la botella, tiene una temperatura de 0 °C (se derrite) y, por consiguiente, el agua no transmitirá calor al hielo: la transmisión de calor es imposible cuando las temperaturas son iguales. Como el agua no cede calor a 0 °C, permanecerá en estado líquido. Por ello, no hay que temer que la botella se rompa.

b) El agua no se congelará en ninguna de las botellas. En ambos casos la temperatura es de 0 °C, por consiguiente, el agua contenida en la botella se enfriará hasta 0 °C, pero no se helará, pues no podrá ceder calor latente de fusión al ambiente: si los cuerpos tienen temperaturas iguales, no intercambian calor.
Volver

143. El hielo en el agua.
¿Podría sumergirse por sí mismo el hielo en el agua a 0 °C?

Como a 0 °C el hielo tiene un peso específico de 0,917, en las condiciones normales se sostiene en la superficie del agua. Pero durante el calentamiento disminuye el de esta última: por ejemplo, a 100 °C equivale a 0,96 g/cm^3, por lo cual en este caso el hielo que se derrite, continuará flotando. Si seguimos calentando el líquido (a presión elevada), a los 150 °C su peso será de 0,917, de modo que el hielo podrá permanecer por debajo del nivel de su superficie, sin bajar ni subir. A los 200 °C el agua tendrá una densidad de 0,86 g/cm^3, es decir, menor que la del hielo, por lo cual éste se hundirá.
Cabe señalar que en condiciones normales el hielo es una de las variedades del agua sólida; en otras condiciones (cuando varía la presión) se forman otras variedades de hielo cuyas propiedades son distintas. Realizando experimentos sobre las propiedades de diversos cuerpos sometidos a una presión bastante alta (de hasta 30.000 at), el físico inglés Bridgman descubrió seis variedades diferentes de hielo y las designó con números: hielo I, hielo II, etc. El hielo I es más ligero que el agua en un 10 ó en un 14%. Las otras cinco variedades son más densas que esta última: el hielo II, en el 22 %; el hielo III, en el 3 %; el hielo IV, en el 12 %, el hielo V, en el 8 % y el hielo VI, en el 12%.
Por consiguiente, entre las seis variedades de hielo sólo una flota en el agua, mientras que las demás se hunden.
Volver

144. El agua congelada en las tuberías
En los países de clima frío, a veces, el agua de las tuberías de las partes subterráneas de los edificios se congela cuando empieza el deshielo, y no cuando la temperatura es bajo cero.
¿A qué se debe este fenómeno?

Muchas personas quedan sorprendidas por el hecho de que en las tuberías que pasan por los sótanos de las casas el agua se congela frecuentemente en épocas de deshielo, y no cuando hace mucho frío. No obstante, este fenómeno tan extraño se debe a la conductividad térmica insuficiente del suelo.
La tierra conduce tan mal el calor que la temperatura mínima se establece más tarde en el suelo que, sobre la superficie terrestre; cuanto mayor es la profundidad, tanto más se tarda. Por ello, cuando la temperatura del ambiente ya se mantiene bajo cero, el frío aún no tiene tiempo para alcanzar las tuberías y los locales subterráneos, por lo cual el agua no se congela. Sólo después, cuando en la superficie ya comienza el deshielo, penetra hasta las tuberías. Bajo tierra se establece la temperatura mínima cuando en la superficie terrestre el hielo empieza a derretirse.
Volver

145. El hielo
La explicación que se da al hecho de que la superficie del hielo es resbaladiza es que su punto de fusión desciende al aumentar la presión. Se sabe que para disminuir en un grado centígrado el punto de fusión del hielo hay que crear una presión de 130 at. Por ello, para poder patinar a la temperatura de 5 °C bajo cero, el deportista debe ejercer sobre el hielo una presión de 5 · 130 = 650 at. No obstante, la superficie de contacto entre el patín y el hielo no mide menos de unos cuantos centímetros cuadrados, de modo que a 1 cm le corresponden no más de 10 a 20 kg de la masa del patinador. Por consiguiente, la presión que éste ejerce sobre el hielo, es muchas veces menor que la necesaria para disminuir el punto de fusión del hielo en 5°.
¿Cómo explicaría usted el hecho de que a 5 °C bajo cero y a más baja temperatura es posible patinar?

La diferencia entre la explicación del fenómeno y el resultado del cálculo se debe a las dimensiones exageradas de la superficie de contacto entre el patín y el hielo. No toda la superficie del patín está en contacto con el hielo, sino algunos de sus puntos, cuya área total no debe de superar 0,1 cm^2 (es decir, 10 mm^2). En este caso la presión que

99

el patinador (de 60 kg de peso) ejerce sobre el hielo, no será menor de 60 : 0,1 = 600 kgf/cm^2, es decir, no será inferior a la magnitud que se requiere para que, conforme a la teoría, disminuya la temperatura, a la cual el hielo empieza a derretirse.

Si el frío es muy intenso, la presión de los patines será insuficiente para reducir la temperatura de fusión del hielo hasta el valor requerido; en este caso el patinaje se dificultará, puesto que aumentará notablemente la fricción por falta del agua que sirve de engrase.

Volver

146. Disminución del punto de fusión del hielo.

¿Hasta qué temperatura es posible disminuir el punto de fusión del hielo elevando mucho la presión?

El punto de fusión del hielo disminuye en 1/130 de grado cuando la presión ambiente aumenta en una atmósfera. Pero no se piense que el hielo empezará a derretirse a una presión suficiente, por muy baja que sea la temperatura. Cuando se eleva la presión, el punto de fusión del hielo disminuye hasta cierto límite: es imposible reducirlo más de 22 grados; esto se lograría a la presión de 2200 at.

Así pues, por más que se eleve la presión, el hielo no se derretirá a una temperatura menor de 22 °C bajo cero; es imposible patinar sin dificultad alguna cuando la temperatura baja hasta ese valor, ya que a la presión de 2200 at el hielo se torna más denso que de ordinario y, por consiguiente, ocupa menos espacio: la presión ya no contribuye a su derretimiento.

Volver

147. El «hielo seco».

¿Sabe usted qué es el «hielo seco»?

En la técnica, por «hielo seco», o «nieve carbónica», se entiende el anhídrido carbónico sólido. Si se deja salir anhídrido carbónico líquido de una botella a presión muy alta (de 70 at) al aire libre, empieza a evaporarse tan intensamente que su resto se congela (por el frío engendrado durante la evaporación) formando una masa suelta como la nieve. Al prensarla, se compacta tomando forma muy parecida al hielo.

A la izquierda: anhídrido carbónico contenido en una botella de acero de paredes gruesas; encima están sus vapores. Más a la derecha: cuando se abre la válvula el líquido comienza a bullir a consecuencia del descenso de presión. A la derecha arriba: la botella está inclinada para verter anhídrido carbónico en un saco atado al grifo. A la derecha abajo: el saco queda envuelto en una nube de vapores de anhídrido carbónico comdensados; dentro del mismo se encuentra anhídrido carbónico congelado.

El «hielo» carbónico posee una propiedad notable: no se derrite cuando se calienta, sino que inmediatamente se convierte en gas sin pasar por la fase líquida. Esta propiedad proporciona una gran ventaja al utilizarlo para enfriar los productos de fácil deterioro: el «hielo seco» no moja y ni siquiera humedece los productos mientras se evapora. De aquí proviene su nombre.

Otra ventaja del «hielo» carbónico ante el ordinario consiste en que proporciona unas quince veces más frío que este último. Además, se evapora muy lentamente; un vagón de frutas, enfriado mediante «hielo seco», puede estar en camino durante diez días sin cambiar ni reponer la reserva de anhídrido carbónico.

El anhídrido carbónico congelado formas una masa parecida a la nieve; después de prensarla se obtiene «hielo seco»

El efecto refrigerante del «hielo seco» se debe a su temperatura muy baja (- 80 °C); además, el gas que se forma al sublimarlo, también es bastante frío (0 °C): el «manto» gaseoso que envuelve el anhídrido carbónico sólido, ralentiza el deshielo. El gas carbónico no contamina en absoluto el producto, además, disminuye considerablemente el peligro de incendios impidiendo la propagación del fuego.
Volver

148. El color del vapor de agua.
¿De qué color es el vapor de agua?

La mayoría de las personas están seguras de que el vapor de agua es de color blanco, y se asombran mucho al oír que esto no es así. De hecho, el vapor de agua es absolutamente transparente e invisible y, por consiguiente, es incoloro. La niebla blanquecina que se suele llamar «vapor» no es vapor en el sentido físico de la palabra, sino agua pulverizada que tiene forma de gotitas pequeñísimas. Las nubes tampoco constan de vapor de agua, se componen de diminutas gotitas de líquido.
Volver

149. La ebullición del agua.
¿Qué agua -sin hervir o hervida- empieza a hervir antes que la otra bajo condiciones iguales?

El agua no hervida empezará a bullir antes, pues contiene aire disuelto. Para explicar, por qué el aire presente en el agua acelera la ebullición, hay que examinar algunos detalles. Helos aquí.
La ebullición, a diferencia de la evaporación, consiste en que aparecen burbujas de vapor en el seno del líquido que se calienta. Esto sólo es posible cuando la presión del vapor supera la presión atmosférica sobre la superficie de líquido, que se transmite a su interior con arreglo a la ley de Pascal.
Consta que a los 100 °C la presión del vapor de agua saturante es igual a la atmosférica. No obstante, esto sólo se refiere al caso cuando el vapor satura el espacio encima de la superficie del agua plana. En el seno de la burbuja que se forma en el agua, la presión del vapor saturado debe ser menor que la atmosférica, es decir, menor que junto a la superficie del agua plana a la misma temperatura. La causa de este fenómeno consiste en que la superficie cóncava de líquido vuelve a captar fácilmente las moléculas desprendidas de ella. Por consiguiente, cuando hay relativamente pocas moléculas liberadas, la cantidad de moléculas que se liberan cada segundo dentro de la burbuja debe equivaler a la de moléculas capturadas. Se trata, pues, del estado de saturación, cuando un espacio dado contiene, a una

101

temperatura determinada, la cantidad máxima de vapor, y cuando la presión del vapor también es máxima. De modo que queda claro que la presión máxima del vapor en el seno de la burbuja es menor que encima de la superficie del agua plana, donde equivale a la atmosférica. Cuanto más cóncava es la superficie de agua, es decir, cuanto menor es el radio de la burbuja, tanto menor será la presión máxima del vapor. Por ejemplo, dentro de una burbuja de 0,01 pm de radio, a los 100 °C la presión del vapor saturante es de 750 mm de mercurio en vez de 760 mm de mercurio. Resulta, pues, que el agua no debe empezar a bullir a los 100 °C, como establece la teoría, sino a una temperatura mayor, es decir, cuando el vapor cree en el agua una presión más alta, igual a la atmosférica. Por esta razón, el agua hervida previamente, que ya no contiene aire disuelto, tarda más en empezar a bullir. En cambio, la ebullición dura menos, se desprende mayor cantidad de vapor, y el agua tarda poco tiempo en calentarse hasta la temperatura normal de ebullición (100 °C) a consecuencia del consumo intenso de calor para la evaporación.

La ebullición del agua sin hervir que contiene aire disuelto transcurre de una manera distinta. Como la solubilidad de los gases disminuye al aumentar la temperatura, el exceso de aire debe desprenderse del líquido que se calienta. Precisamente este aire forma burbujas. Los primeros glóbulos que aparecen en el agua sin hervir durante el calentamiento, no contienen vapor, sino aire, y sólo poco rato después empiezan a desprenderse de su superficie interna moléculas de vapor de agua. Hay que tener en cuenta que a las primeras burbujas de vapor, las más pequeñas, les cuesta más trabajo formarse, puesto que la presión del vapor de agua en ellas es muy reducida. Cuando terminan estas dificultades, es decir, cuando de una u otra forma aparecen burbujas, se facilita considerablemente el proceso de formación de vapor en ellas, y su tamaño aumenta. Este hecho explica, por qué el agua no hervida con aire disuelto no tarda tanto en empezar a hervir como la hervida previamente.

Maxwell logró sobrecalentar hasta 180 °C (a presión normal y creando ciertas condiciones complementarias) agua, de la cual había extraído, en la medida de lo posible, aire disuelto. Tal vez eliminando más aire, lograría calentarla hasta una temperatura mayor, sin que dejase de ser líquida.

Volver

150. Calentamiento mediante el vapor.

¿Sería posible calentar el agua mediante vapor de 100 °C hasta que empiece a hervir?

El vapor calentado hasta 100 °C puede ceder calor al agua siempre que la temperatura de ésta sea inferior a los 100 °C. A partir del instante en que se igualan las temperaturas del vapor y el agua, el primero deja de transmitir calor a la segunda. Por ello, es posible calentar agua hasta 100 °C mediante el vapor que tiene esa misma temperatura, pero éste no podrá transmitirle la cantidad de calor necesaria para pasar al estado gaseoso.

Por consiguiente, se puede calentar agua hasta la temperatura de ebullición mediante el vapor, cuya temperatura es de 100 °C, más es imposible lograr que empiece a hervir: seguirá en estado líquido.

Volver

151. Una tetera con agua hirviendo sobre la palma de la mano

Hay quien dice que se puede poner una tetera metálica, recién retirada del hornillo, sobre la palma de la mano sin que esto provoque una quemadura, a pesar de que el agua sigue hirviendo. La mano empieza a sentir calor sólo después de algunos segundos.
¿Cómo explicaría usted este fenómeno?

Un experimento menos peligroso de lo que parece ser

Se suele interpretar equivocadamente el hecho descrito al plantear el problema, aunque, de por sí, es cierto. Generalmente se cree que la mano no siente el calor de la tetera con agua hirviendo porque parte considerable se consume para continuar la ebullición. El calor necesario para la ebullición se toma de las paredes del recipiente, en particular, de su fondo, debido a lo cual desciende la temperatura de este último. Cuando cesa la ebullición, el fondo deja de transmitir su calor al agua, y la mano empieza a sentir calor.

Esta explicación es errónea, pues no aclara por qué las paredes laterales queman más que el fondo; además, no considera el hecho de que a consecuencia de la evaporación el fondo de la tetera no puede tener una temperatura menor que el agua contenida en ella; en este caso la temperatura del agua es de unos 100 °C, o sea, es suficiente para quemar la mano.

La causa real de este fenómeno consiste en lo siguiente: la humedad (el sudor) de la palma de la mano entra en contacto con el fondo de la tetera, pasando al llamado «estado esferoidal»; en un primer instante después de retirar la vasija del hornillo, el fondo tiene calor suficiente para ello. Mas, cuando su temperatura está por debajo de 150 °C, ya no hay humedad que se encuentre en estado esferoidal, por lo cual el calor se siente más.

Este experimento se lleva a cabo con éxito siempre que el fondo de la tetera sea liso y no esté ensuciado, pues la rugosidad de la superficie metálica y la suciedad estorban que haya humedad en estado esferoidal.
Volver

152. ¿Prefiere usted comida frita o cocidas
¿Por qué la comida frita es más sabrosa que la cocida?

La comida frita sabe mejor que la cocida no sólo porque se le añade aceite o grasa, sino fundamentalmente porque la freidura y el cocimiento tienen sus particularidades físicas. Tanto el agua como la grasa no se calientan por encima de la temperatura de su ebullición. La primera hierve a 100 °C, mientras que la segunda a 200 °C. Por consiguiente, para freír se necesita una temperatura más alta que para cocer. A su vez, un calentamiento más intenso de las sustancias orgánicas contenidas en la comida provoca en ellas transformaciones que mejoran su sabor. Por eso la carne frita sabe mejor que la cocida, así como el huevo frito es más sabroso que el duro, etc.
Volver

153. El huevo caliente en la mano
¿Por qué no quema la mano un huevo recién sacado del agua hirviendo?

Un huevo recién sacado del agua hirviendo no abrasa la mano

Al sacar un huevo del agua hirviendo, su cáscara aún está húmeda y muy caliente. El agua que se evapora de la superficie caliente, la enfría, por lo cual el calor no se siente mucho. Pero este efecto sólo tiene lugar en los primeros instantes, mientras el huevo se seca, después de lo cual su elevada temperatura empieza a sentirse.
Volver

154. El viento y el termómetro
¿Qué influencia ejerce el viento sobre el termómetro cuando hace frío?

Si el termómetro está seco, sus indicaciones no dependen de ninguna manera del viento, aunque a veces se cree lo contrario, pues si el tiempo es ventoso, sentimos el frío más intensamente. No obstante, dicho elemento influye de diferente manera en el organismo humano y este instrumento de medida. El viento se lleva rápidamente las capas de aire templado y húmedo que envuelven nuestro cuerpo, y las sustituye por capas de aire frío, intensificando de ese modo la pérdida de calor y aumentando la sensación de frío. A su vez, el termómetro, en cambio, indicará la misma temperatura, a pesar de que haga viento o no.
Volver

155. El principio de la pared fría
El traductor de un tratado de astronomía se topó en el texto con el término «principio de la pared fría». A1 consultar numerosos libros de física no encontró semejante término. ¿Sabe usted, en qué consiste este principio?

Cuando el traductor del libro me pidió que le explicara el «principio de la pared fría», tardé mucho en encontrar este término. Por fin lo localicé en un libro de texto traducido del francés, que hoy día es difícil de encontrar. He aquí lo que dice al respecto:

«Principio de Watt, o principio de la pared fría. Supongamos que tenemos dos recipientes: el recipiente A contiene agua a 100° C y el B, a 0 °C. Mientras no se comunican, tienen diferente tensión del vapor: en B la tensión es de 4,6 mm de mercurio y en A, de 760 mm de mercurio.

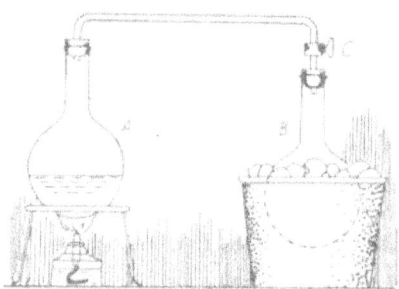

Experimento que explica el « principio de la pared fría»

Pero cuando se abre la llave C, el vapor de A entra en B y enseguida se convierte en agua; por ello, la presión del vapor del recipiente A no puede superar la de B. Se trasvasa vapor de A a B sin aumentar la tensión del vapor en este último. He aquí el principio formulado por primera vez por J.Watt:

"Si se comunican dos recipientes que contienen un mismo líquido a temperatura diferente, tendrán igual tensión de vapor, equivalente a la máxima que se registra a la temperatura más baja de estas dos."

Si el lector tiene alguna noción del instrumento físico llamado "crióforo", muy sencillo e ilustrativo, sabrá qué es el "principio de la pared fría", puesto que su acción está basada precisamente sobre dicho principio. El crióforo consta de dos bolas de vidrio huecas unidas mediante un tubo.

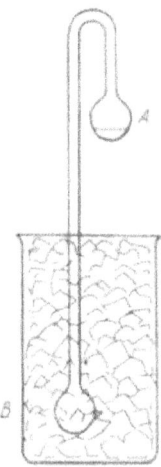

El crióforo: cuando se enfría el recipiente inferior, se congela el agua contenida en el superior

Dentro de este dispositivo hay un poco de agua con vapor encima de ella, y no hay aire. Al trasegar agua a la bola superior, la inferior se coloca en una mezcla refrigerante. Con arreglo al "principio de la pared fría", en el recipiente superior encima del agua debe establecerse la presión baja del otro, metido dentro de la mezcla refrigerante. Como la

104

presión es reducida, el agua empieza a hervir, mientras que el vapor que se forma en este caso se condensa en la bola inferior enfriada; la ebullición es tan enérgica y la pérdida de calor a consecuencia de la evaporación es tan intensa que se congela -el agua del recipiente superior, aunque no está en el seno del hielo.

J. Watt aprovechó este principio para construir su "refrigerador": el vapor de escape contenido en el cilindro se dirige por sí mismo al refrigerador y se condensa en él. Antes de J. Watt, en la máquina de Newcommen, para condensar el vapor agotado se inyectaba agua fría en el cilindro, enfriando de esta manera no sólo el vapor, sino también las paredes del cilindro, sin lo cual el vapor no se condensaba; durante la carrera siguiente del émbolo, en el cilindro enfriado se inyectaba vapor caliente, cuyas primeras porciones se condensaban en las paredes hasta que la temperatura del cilindro se igualaba con la del vapor en la caldera. Queda claro, pues, que semejante procedimiento de condensación del vapor no era muy económico, por cuanto se consumían grandes cantidades de vapor y agua fría, para lo cual se gastaba mucho carbón. Es por eso que las máquinas anteriores a la de Watt tenían un rendimiento tan bajo, sólo del 0,3 %. Este inventor utilizó, entre otros adelantos, el condensador cuyo funcionamiento se basaba en el "principio de la pared fría", descubierto por él mismo: el vapor abandona por sí mismo el cilindro dejando calientes sus paredes y enfriándose fuera de él, en el condensador.»

Por cierto, al lector le interesará saber de qué manera se aplicará en la astronomía este principio que, al parecer, sólo tiene aplicaciones mecánicas. No obstante, este principio es fundamental al resolver problemas relacionados con la revolución de los planetas más cercanos al Sol, o sea, Mercurio y Venus.

Orbitando al Sol, Mercurio siempre le presenta la misma cara, por lo cual en ese planeta el «día» equivale al «año». En su cara siempre iluminada por los rayos solares, hay un día eterno y un intenso calor, mientras que en la cara opuesta, siempre sumida en las tinieblas del Universo, reinan una noche infinita y un intenso frío de - 264 °C, casi lo mismo que en el espacio. En la mitad fría de Mercurio la atmósfera debe condensarse y congelarse, aunque consista en hidrógeno. Pero, según el principio de Watt, a esta «pared fría» del planeta debe afluir la atmósfera del hemisferio diurno, donde se establece la presión reducida que se registra en la atmósfera licuada del hemisferio frío. Además, la parte de la atmósfera que se traslada de esa manera, también se condensa a consecuencia de la temperatura tan baja. Este proceso ha de continuar hasta que toda la atmósfera del planeta se desplace a la cara fría. Por consiguiente, Mercurio no puede tener atmósfera gaseosa, lo cual se deriva irrefutablemente del «principio de la pared fría», siendo iguales los períodos de giro del planeta sobre su eje y el de revolución en torno al Sol.

Los astrónomos no tienen opinión unánime en cuanto a la duración de los respectivos períodos de Venus. Unos consideran que en este planeta el «día» dura lo mismo que el «año» como en Mercurio. Según otros, el período de rotación venusiano, es decir, su «día» vale menos que el «año». El referido principio de la pared fría redunda en beneficio de este segundo grupo de astrónomos, pues las observaciones directas de Venus han permitido establecer que tiene atmósfera: si su «día» y «año» fueran iguales, la atmósfera de dicho planeta correría la misma suerte que la de su vecino Mercurio.

El «principio de la pared fría» también echa por tierra las suposiciones de Herbert Wells de que la Luna pudiera tener atmósfera, enunciada en su ingeniosa novela Los primeros hombres en la Luna. El novelista supone que de noche su atmósfera se congela y de día se derrite y evapora volviendo a ser gaseosa. Pero ya sabemos que es imposible que en un hemisferio de dicho cuerpo celeste haya un gas licuado y en el otro, la misma sustancia, pero en estado gaseoso.

Volver

156. El poder calorífico de la leña

¿Qué leña da más calor, de abedul o de álamo temblón (si se queman cantidades iguales de leña igualmente seca)?

Generalmente se piensa que la leña de abedul da más calor que la de pino y, en especial, que la de álamo temblón. Esto es cierto si se comparan volúmenes iguales: al quemar totalmente un leño de abedul, se obtiene más calor que quemando otro, de álamo temblón, de las mismas dimensiones. No obstante, en física y en técnica, al estimar el poder calorífico del combustible, se comparan las masas y no los volúmenes. Como la madera del abedul es 1,5 veces más densa que la del álamo temblón, no nos debe sorprender el hecho de que el poder calorífico de la leña de abedul es igual que el de la otra especie de madera. En general, cuando se quema un kilogramo de leña de cualquier especie de madera se obtiene una misma cantidad de calor (siempre que sea igual el porcentaje de humedad contenida en ellas). Así pues, nos parece que la madera de abedul tiene mayor poder calorífico que la de álamo temblón porque comparamos masas desiguales de estos combustibles quemando mayor cantidad de una de ellas.

Si las diferentes especies de madera, de igual masa, producen iguales cantidades de calor, no serán completamente equivalentes como combustible. Cuando se utilizan calderas de vapor, no sólo importa el poder calorífico del combustible, sino también la velocidad con que se quema. En tiempos lejanos, cuando en las fábricas de vidrio se empleaban tales calderas, se prefería la leña de álamo temblón o de pino, que se quema más rápidamente que la de las demás especies. En las chimeneas y estufas que sirven para calentar las habitaciones, la leña de especies más densas calienta mejor que la de otras, de menor densidad, que tardan menos en quemarse.

Volver

157. El poder calorífico de la pólvora y del queroseno.

¿Qué agente tiene mayor potencia calorífica, la pólvora o el queroseno?

Sería erróneo suponer que el efecto violento de los explosivos se debe a la enorme cantidad de energía de dichas sustancias, es decir, a su elevado poder calorífico, el cual, en muchos tipos de explosivos, es sorprendentemente pequeño en comparación con el poder calorífico de muchas clases de combustible industrial, como son,

Al quemar 1 kg de:	Se obtiene
Pólvora negra	700 cal

105

Pólvora de piroxilina	960 cal
cordita	1200 – 1400 cal

He aquí el poder calorífico de algunos tipos de combustible industrial:

Queroseno y gasolina	11.000 cal
petróleo	10.500 cal
carbón	7.000 cal
Leña seca	3.100 cal

Pero no se debe comparar en forma directa estos datos con los anteriores: hay que tener en cuenta que durante la quema de los explosivos sólo se consume el oxígeno contenido en ellos, mientras que en el caso de los combustibles convencionales se consume el del medio ambiente. Al relacionar el número de calorías con la masa del combustible, hay que incluir también la de oxígeno que se consume durante su quema. Esta masa adicional supera 2 ó 3 veces la del combustible. Por ejemplo, para quemar 1 kg de carbón se consumen 2,2 Kg de oxígeno (éste es un cálculo teórico; en la práctica la cifra es mayor), 1 kg de petróleo consume 2,8 kg de oxígeno, etc.

Mas, las cifras relativas al poder calorífico de los combustibles superan los datos que caracterizan el de los explosivos, aunque se corrijan correspondientemente. Sería un despilfarro calentar las estufas quemando pólvora, pues esta sustancia produce tres veces menos calor que la hulla.

Por ello, naturalmente surge la pregunta siguiente: si los explosivos contienen cantidades no muy grandes de energía, ¿cómo se podría explicar el terrible efecto destructor que producen? éste se explica únicamente por la rapidez de combustión, es decir, por el hecho de que una cantidad relativamente pequeña de energía se libera en un intervalo de tiempo muy corto. Durante la quema de los explosivos se forma gran cantidad de gases que, encerrados en un recinto de volumen reducido, empujan el proyectil con una presión de 4000 atmósferas.

Si la combustión de la pólvora fuera lenta, en el tiempo necesario para salir el proyectil por la boca del cañón, se quemaría una parte pequeña de la carga y se formarían pocos gases, por lo cual su presión y la velocidad del proyectil serían insuficientes. Pero de hecho la pólvora se quema en el cañón casi instantáneamente. En menos que una centésima de segundo la carga se quema totalmente y los gases proyectan la bala con una fuerza enorme.
Volver

158. ¿Qué potencia luminosa tiene una cerilla?

No se trata de una broma, sino de un problema bastante serio de la física. Durante la combustión se libera energía. ¿Cuántos julios de energía se obtienen cada segundo quemando una cerilla?

En otras palabras, ¿cuál es la potencia de una cerilla en vatios? Como ve, este problema no tiene nada de broma. No se crea, pues, que la energía de la cerilla es ínfima. Es fácil cerciorarse de que no lo es. He aquí el cálculo. Una cerilla pesa unos 100 mg, 0 0,1 g (el peso se determina mediante una balanza sensible o midiendo su volumen, adoptando su densidad igual a 0,5 g/cm^3). Supongamos que el poder calorífico de la madera vale 3000 cal/g. Mediante el reloj determinamos que una cerilla tarda unos 20 segundos en quemarse. Por lo tanto, de las 300 calorías (3000 * 0,1) que rinde una cerilla, cada segundo se obtienen 300 : 20 = 15 cal/g. Una caloría pequeña vale 4,2 J, por consiguiente, la potencia de la cerilla que se quema es de

$$4,2 * 15 = 63 \text{ W}.$$

Así pues, la potencia de una cerilla supera la de una bombilla eléctrica de 50 W.

De la misma manera se podría calcular que fumando un cigarrillo se obtiene una potencia de 20 W. He aquí los datos para el cálculo: masa de la picadura, 5 g; poder calorífico específico, 3000 cal/g; tiempo en que se consume un cigarrillo, 5 min.
Volver

159 ¿Cómo se quitan las manchas con la plancha?
¿Merced a qué efecto se quitan de la tela las manchas de grasa con una plancha?

A la ropa se le quitan las manchas de grasa mediante el calentamiento, puesto que la tensión superficial de los líquidos disminuye cuando aumenta la temperatura. «Por eso, si en distintos puntos de una mancha líquida la temperatura es diferente, la grasa tiende a desplazarse de la zona caliente hacia la fría. Si a una de las caras de la tela aplicamos un hierro caliente, y a la otra una hoja de papel de algodón, este último absorberá la grasa.» (Maxwell, Theory of Heat). Por consiguiente, el material que absorberá la grasa debe aplicarse a la cara opuesta a la plancha.
Volver

160. Solubilidad de la sal común.

¿A qué temperatura del agua se disuelve mayor cantidad de sal común, a 40 ó 70 grados centígrados?

Cuando se eleva la temperatura del agua, aumenta la solubilidad de la mayoría de las sustancias sólidas disueltas en ella; por ejemplo, a 0 °C se disuelve en el agua el 64 % del azúcar, mientras que a 100 °C, el 83 %. No obstante, la sal común no figura entre estas sustancias, ya que su solubilidad en el agua casi no depende de la temperatura: a 0 °C se disuelve el 26 % de la sal y a 100 °C, el 28 %. Tanto a 40 °C como a 70 °C en el agua se disuelve exactamente una misma cantidad de sal, el 27 %.

Capítulo V
SONIDO Y LUZ

Contenido:

161. El trueno .
Observando un relámpago o escuchando el trueno, ¿será posible determinar la distancia hasta la descarga eléctrica que los produce?

El trueno se desplaza por medio de las llamadas ondas explosivas cuya amplitud de oscilación es bastante considerable, y no mediante ondas acústicas ordinarias. En general, las primeras se diferencian mucho de las segundas, y sólo poco antes de extinguirse se descomponen en ondas sonoras. En primer lugar, las ondas explosivas son notablemente más rápidas que el sonido, además, su velocidad no es constante, sino que disminuye drásticamente a medida que cambian de estructura y se destruyen. Mediante experimentos realizados en tuberías se estableció que la velocidad de propagación de dichas ondas alcanza 12 ó 14 km/s, o sea, supera unas cuarenta veces la del sonido. El rayo engendra ondas explosivas que en un principio viajan en la atmósfera más rápido que el sonido. En esta fase las percibimos como un chasquido. Un trueno fuerte y brusco, no precedido de ruido sordo, que se oye inmediatamente después de la fulguración (o, a veces, al mismo tiempo que la vemos), es engendrado por una onda explosiva que aún no se ha destruido. Semejantes descargas indican que la chispa se ha producido muy cerca de nosotros, pues sólo a distancia corta la onda explosiva tiene estructura original.
Otro género de trueno, acompañado de descargas sordas características, que se debilitan y amplifican alternadamente, se escucha al cabo de cierto intervalo de tiempo después de que se ve el rayo, lo que prueba que su fuente está alejada a una distancia considerable. Se equivocan los que piensan que es posible determinar la distancia hasta la descarga partiendo del espacio de tiempo transcurrido entre la chispa y el trueno (multiplicando el número de segundos por la velocidad del sonido), ya que la onda de aire que transporta el sonido, viaja con una velocidad variable, recorriendo la parte inicial de esta distancia a una velocidad supersónica y el resto, con la del sonido.
Lo que acabamos de exponer sobre el trueno, no tiene nada que ver con el sonido del disparo: al disparar un cañón, la onda explosiva se convierte en una onda acústica ordinaria a dos metros de la pieza; por ello, es posible determinar la velocidad del aire a base del disparo de cañón.
Volver

162. El sonido del viento.
¿Cómo explicaría usted el hecho de que el viento amplifica el sonido?

A continuación ofrecemos un pasaje relativo a este problema, tomado del libro Historische Physik de Lacour y Appel.
«Es sabido que el sonido se oye mejor cuando el viento es favorable, y peor cuando es contrario. Por regla general, sólo se acostumbra explicar este fenómeno con el hecho de que en dirección del viento la velocidad de éste se suma a la del sonido. Nos daremos cuenta de que semejante explicación es insuficiente si recordamos que el movimiento del aire con una velocidad de 10 m/s se siente como un viento bastante fuerte. Pero esta magnitud no influye notablemente en la intensidad del sonido, pues, de hecho, se trata de un aumento o disminución poco considerables de su velocidad, de orden de un 3 %.
El físico inglés J. Tyndall explica este fenómeno de la manera siguiente. La velocidad del viento casi siempre aumenta en función de la altitud. Por consiguiente, las ondas acústicas que se propagan a cierta altura y cuya superficie en el ambiente tranquilo suele ser esférica (líneas de trazos en la figura), cambian de forma con mayor velocidad en dirección del viento (según indica la flecha) que

las que se desplazan junto a la superficie terrestre. Por esta razón tienen forma parecida a la que viene representada por las líneas continuas en la figura. Como en cada punto el sonido se propaga perpendicularmente a la superficie de la onda, el que procede del punto A en dirección AC no podrá llegar hasta el punto D, sino que pasará por encima de él siguiendo la línea Aa, por lo cual el observador que se encuentra en dicho punto, no lo oirá.

El viento deforma las ondas acústicas.

Al contrario, el sonido emitido en la dirección AB, sigue la curva Ab, la cual no deja de ser perpendicular a la superficie de la onda. Por ello, el observador que se encuentra en el punto b, podrá oírlo; todos los sonidos emitidos por A en una dirección inferior a AB serán desviados de la misma manera y alcanzarán la superficie terrestre en diversos puntos localizados entre A y b.

Influencia del viento favorable en la propagación del sonido

En esta parte de la superficie terrestre incidirá mayor cantidad de sonido del que debería incidir, o sea, en este trecho también se oirán todos los sonidos que en tiempo de calma se desplazarían por encima de AB.»

La influencia del viento contrario en la propagación del sonido

Así pues, el hecho de que el sonido se amplifica por el viento no se debe a la variación de la velocidad de las ondas sonoras, sino al cambio de su forma (en resumidas cuentas el cambio de forma depende de la variación de la velocidad).
Volver

163. La presión del sonido.
¿Qué presión, aproximadamente, ejercen las ondas acústicas sobre el tímpano?

Si las ondas de aire tienen una presión de $5 \cdot 10^{-18}$ N/cm^2, el sonido se vuelve perceptible. Cuando el sonido es alto, la presión es cientos y miles de veces mayor. No obstante, la presión del sonido es pequeñísima.
Por ejemplo, se sabe que el ruido de una vía pública con tráfico animado ejerce sobre el tímpano una presión de $(1 \text{ ó } 2) \cdot 10^{-4}$ N/cm^2, es decir, de 0,00001 a 0,0005 at.
Volver

164. ¿Por qué la puerta debilita el sonido?
Consta que la madera conduce el sonido mejor que el aire: al dar golpes por un extremo de un rollo largo se pueden escuchar muy bien aplicando el oído al otro extremo.
¿Por qué, pues, no se oyen claramente las voces de las personas que están conversando en un cuarto mientras la puerta esté cerrada?

Por más extraño que parezca, la puerta amortigua el sonido precisamente porque lo conduce mejor que el aire. El haz sonoro se desvía de la perpendicular de incidencia cuando pasa del aire a la madera, es decir, cuando penetra en un medio que transmite el sonido más rápidamente. Por lo tanto, existe cierto ángulo límite de incidencia de los haces sonoros que pasan del aire a la madera, el cual es bastante pequeño (debido al elevado índice de refracción).

O sea, una parte considerable de las ondas aéreas que atraviesan el aire e inciden en la superficie de madera, deberán reflejarse al aire sin penetrar en esta última. En suma, la madera dejará pasar un porcentaje reducido de ondas sonoras procedentes del aire, que inciden en la superficie de separación de estos dos medios. Por esta razón, la puerta disminuye la intensidad del sonido.
Volver

165. La lente acústica.
¿Existirá lente que refracte el sonido?

Es muy fácil construir una lente para refractar el sonido. Para ello se podría utilizar una semiesfera de malla de alambre llena de plumón que disminuye la velocidad del sonido. Dicho objeto podrá servir de lente convergente para el sonido. En la figura aparece un diafragma consistente en una hoja de cartulina puesta delante de la lente, que separa los haces sonoros que se enfocan en F por esta última. En el punto S está colocada una fuente de sonido (un silbato), y en F, una llama sensible al sonido.

Lente de plumón para refractar el sonido

Ofrecemos la descripción de la lente «acústica» ideada por J. Tyndall.
«Mi "lente" escribe el inventor- consta de una esfera hueca hecha de una sustancia preparada a base de colodión (ver figura), que contiene un gas más denso que el aire, por ejemplo, dióxido de carbono. La pared de la esfera es tan delgada que cede fácilmente al menor empuje dirigido desde afuera y lo transmite al gas. A un lado de la lente, bastante cerca de ella, cuelgo mi reloj de bolsillo y al otro lado, a una distancia de 1,5 m aproximadamente, un embudo de vidrio, con la parte ancha dando hacia la esfera.

Lente de dióxido de carbono para refractar el sonido

Aplico el oído al embudo y, moviendo convenientemente la cabeza, muy pronto localizo el lugar donde el tictac se oye muy alto. éste es el "foco" de la lente. Si aparto el oído del foco, el sonido se debilita; si, en cambio, el oído permanece en el foco mientras se desplaza la esfera, el tictac también se debilita; cuando la esfera vuelve a su lugar, el reloj sigue sonando como antes. Por lo tanto, la lente permite oír claramente el tictac del reloj que no se oye "a simple oído", por decirlo así.»
Volver

166. La reflexión acústica.
Cuando el sonido penetra en el agua, ¿se aproximará el «haz» acústico a la perpendicular de incidencia o se alejará de ella?

Si razonamos como en el caso del haz luminoso, sacaremos una conclusión errónea, puesto que la luz se propaga en el agua más lentamente que en el aire, en tanto que las ondas sonoras viajan en él con una velocidad cuatro veces mayor. Por ello, el haz sonoro que pasa del aire al agua, se desviará de la perpendicular de incidencia.

Figura 112. Refracción del sonido en el agua

Por esta misma razón, cuando el sonido pasa del aire al agua, existe un ángulo límite que en este caso sólo es de 13° (correspondientemente al valor elevado del índice de refracción, equivalente a la

razón de velocidades de propagación del sonido en ambos medios). La figura muestra cuán pequeño es el < cono» AOB que incluye todos los ángulos, bajo los cuales el sonido puede penetrar en el líquido. Los haces sonoros que no pertenecen a dicho cono, se reflejarán de la superficie del agua sin atravesarla (reflexión interna total del sonido).
Volver

167. El ruido del caracol.
¿Por qué se oye un ruido leve en una taza o en un caracol aplicados al oído?

El ruido que percibimos cuando aplicamos una taza o un caracol al oído, se debe a que en este caso dicho objeto sirve de resonador que amplifica los ruidos procedentes del medio ambiente; generalmente no nos damos cuenta de ellos, puesto que son muy débiles. Este ruido mixto se asemeja al que producen las olas del mar al batir la costa, lo cual ha dado origen a muchas leyendas relacionadas con el ruido del caracol.
Volver

168. El diapasón y el resonador.
Si un diapasón vibrante se coloca sobre una caja de madera, el sonido aumentará notablemente. ¿De dónde procede en este caso la energía excesiva?

Cuando las vibraciones del diapasón se transmiten al resonador, el sonido se vuelve más alto, pero dura menos tiempo. De modo que la cantidad de energía emitida por el diapasón vibrante y el resonador, es una misma. No se obtiene ningún exceso de energía.
Volver

169. ¿Adónde se van las ondas acústicas?
¿Adónde se va la energía de las oscilaciones acústicas cuando el sonido deja de oírse?

Cuando se extingue un sonido, la energía de las ondas acústicas se convierte en la del movimiento térmico de las moléculas de las paredes y el aire. Si en el aire de las habitaciones no hubiera rozamiento interno, y las paredes fueran perfectamente elásticas, ningún sonido se extinguiría: se oiría eternamente cualquier nota. En las habitaciones de dimensiones ordinarias las ondas acústicas son rechazadas por las paredes de 200 a 300 veces, trasmitiéndoles parte de su energía cada vez que se reflejan, hasta que, al fin y al cabo, quedan absorbidas totalmente, elevando la temperatura de las paredes. Por supuesto, la cantidad de calor que entregan a estas últimas, es infinitésima. Una persona debería estar cantando durante dos o tres días sin cesar para generar una caloría mediante este procedimiento.
Volver

170. La visibilidad de los rabos luminosos.
¿Ha visto usted alguna vez rayos luminosos?

Muchos lectores están seguros de que han visto rayos luminosos. Semejantes testigos oculares quedarán muy asombrados al enterarse de que jamás los han visto. Esto no ha podido ocurrir por la sencilla razón de que los rayos luminosos son invisibles. Cada vez que nos parece que vemos rayos de luz, lo que notamos son cuerpos iluminados por ellos. La luz que permite verlo todo, es invisible.

He aquí lo que dijo sobre este tema John Herschel, hijo de un célebre astrónomo y gran astrónomo y físico él mismo:

«La luz, a pesar de que permite ver los objetos, de por sí es invisible. Hay quien dice que se puede ver un rayo luminoso cuando éste penetra en un cuarto oscuro por un orificio abierto en una pared, o cuando conos o rayos luminosos irrumpen en los espacios entre las nubes un día nublado, procedentes de una zona (invisible) del sol como del punto, en el cual convergen todas las líneas paralelas. Pero lo que vemos en este caso, no es la luz, sino innumerables partículas de polvo o niebla que reflejan cierta parte de la luz que incide en ellas.

Vemos la Luna porque la ilumina el Sol. Donde no hay Luna, no vemos nada, aunque estamos seguros de que la veremos cuando vuelva a ocupar la misma posición, y que veríamos el Sol si estuviéramos en la Luna (dondequiera que se encuentre, a menos que no esté tapada por la Tierra). Por consiguiente, en cada uno de estos puntos siempre hay luz solar, aunque es imposible verla como un objeto cualquiera. Existe, pues, en forera de proceso.

Lo que acabamos de explicar respecto al Sol, también se refiere a las estrellas; por eso, cuando contemplamos el cielo nocturno no vemos sino un fondo oscuro, excepto las direcciones en que vemos estrellas, aunque estamos seguros de que todo el espacio (fuera de la sombra de la Tierra) es atravesado constantemente por haces luminosos...»

Esta afirmación parece refutar el hecho de que percibimos claramente rayos de luz procedentes de las estrellas y, en general, de todo punto luminoso; además, cuando entornamos los ojos distinguimos un haz luminoso que llega hasta nosotros desde un astro lejano. Tanto lo uno como lo otro es una equivocación. Lo que entendemos por rayos procedentes de las estrellas, es un efecto que surge como resultado de la disposición radial de las fibras que componen el cristalino del ojo humano. Si seguimos un consejo de Leonardo de Vinci y miramos las estrellas a través de un orificio muy pequeño practicado mediante una aguja en una hoja de cartulina, no veremos ningún rayo ni estrella; los astros nos parecerán partículas de polvo muy brillantes, puesto que en este caso un haz luminoso muy fino penetra en el ojo a través de la parte central del cristalino, de modo que la estructura radial de éste no lo puede deformar. Por lo que atañe al haz de luz que vemos al entornar los ojos, éste se forma a consecuencia de la difracción de la luz en las pestañas.

Volver

171. El orto del Sol.

La luz tarda poco más de ocho minutos en recorrer la distancia del Sol a la Tierra. ¿Cómo está relacionado este hecho con el instante de salida de este astro?

El hecho de que el haz luminoso tarda 8 minutos en salvar la distancia del Sol a la Tierra, no nos permite concluir que si lo hiciera instantáneamente, veríamos la salida del Sol 8 minutos antes. Los rayos de luz que penetran en el ojo cuando contemplamos el sol naciente, fueron emitidos hace 8 minutos, de manera que no tenemos que esperar ese lapso para que alcancen el lugar donde nos encontramos. Por eso, si la luz se propagara instantáneamente, veríamos la salida del sol en el mismo instante que ahora, y no 8 minutos antes.

Volver

172. La sombra del alambre.

¿Por qué en un día soleado la sombra de un farol suspendido de un alambre se proyecta claramente en el pavimento, mientras que la del alambre casi no se ve?

La longitud de la sombra proyectada por el alambre iluminado por el sol depende de la posición del punto de intersección de sus tangentes comunes, trazadas al limbo solar y a la circunferencia que acota la sección del alambre. La figura muestra que el ángulo A de intersección de las tangentes es igual al ángulo bajo el cual el observador terrestre ve el limbo solar, o sea, es de 0,5°.

¿Por qué el alambre no proyecta sombra?

Este dato nos permite determinar la longitud de la sombra proyectada por el alambre: ésta es igual a su diámetro multiplicado por 2 · 57, pues es sabido que un objeto que se ve bajo un ángulo de 1° se encuentra a una distancia equivalente a 57 veces su diámetro. Si el alambre que sostiene el farol, mide 0,5 cm de grosor, la longitud de la sombra será de

0,5 * 114 = 57 cm;

o sea, esta magnitud es mucho menor que la altura a la que se encuentra suspendido el farol. Por ello, la sombra (sin contar la penumbra) del alambre no llega hasta el pavimento.

¿Por qué es tan corta la sombra PA proyectada por el alambre P

La sombra del farol (en el espacio) es mucho más larga, correspondientemente a su diámetro más grande. Si la sección de este último es de 30 cm, la longitud de la sombra proyectada en el espacio será igual a

0,3 * 114 = 34 m.

Es decir, siempre alcanzará la tierra, puesto que se suelen colocar los faroles a una altura de 5 a 10 m.
Volver

173. La sombra de una nube.
¿Qué es lo que tiene mayores dimensiones, una nube o su sombra completa?

La nube, lo mismo que el farol del ejercicio precedente, proyecta una sombra en forma de cono que se estrecha (y no se ensancha, como se cree a veces) hacia la tierra. Este cono es bastante grande, pues las dimensiones de la nube son considerables. Si ésta mide tan sólo 100 m de diámetro, proyectará una sombra de más de 11 km. de longitud. Sería interesante calcular en qué magnitud disminuye la sombra proyectada sobre la tierra en comparación con las dimensiones reales de la nube.

¿Qué es lo que tiene mayores dimensiones, una nube o su sombra completa?

He aquí un ejemplo: una nube flota a una altitud de 1000 m, mientras que los rayos solares inciden sobre la superficie terrestre bajo un ángulo de 45°; la longitud de la parte del cono comprendida entre la nube y el suelo es de 1000 * $\sqrt{2} \approx 1400$ m. En semejante caso, la distancia entre las semirrectas que forman un ángulo de 0,5°, será de 1400/115, es decir, de unos 12 m. Si la nube mide menos de 12 m de diámetro, su sombra completa no alcanzará la superficie de la tierra. En las condiciones dadas y cuando la nube es de grandes dimensiones, ésta proyectará sombra completa sobre la tierra, 12 m. más corta que el diámetro correspondiente de la nube.
Si las nubes son de dimensiones considerables, semejante diferencia no tiene mucha importancia, de modo que las sombras perfiladas en el suelo no se distinguirán mucho de sus «prototipos». Por consiguiente, podemos considerar que sus dimensiones son iguales, aunque comúnmente se piensa

que la sombra es más grande que la nube que la proyecta. Este hecho permite estimar fácilmente las dimensiones longitudinales y transversales de las nubes.
Volver

174. Lectura a la luz de la luna.
¿Será posible leer un libro a la luz de la luna llena?

Subjetivamente, la luz de la luna se percibe como una luz bastante intensa, por lo cual generalmente se suele contestar afirmativamente a esta pregunta. Pero los lectores que han tratado de leer un libro a la luz de la luna llena, se habrán dado cuenta de que cuesta mucho trabajo distinguir los caracteres. Para leer un libro impreso con caracteres corrientes, se necesita una iluminación no menor de 40 lx, mientras que si los caracteres son menudos (gallarda), no menos de 80 lx. A propósito, cuando el cielo está despejado, la luna llena sólo asegura una iluminación de una décima de lux. (La luna llena produce la misma iluminación que una vela encendida a 3 m de distanció.) Queda claro, pues, que la luz del satélite natural, no es suficiente para leer un libro sin hacer algún esfuerzo.
También estamos propensos a sobrestimar la iluminación natural en las noches blancas. En esta época, a la medianoche, la iluminación en la latitud de San Petersburgo es de 0,5 lx aproximadamente. Por tanto, durante las noches blancas se puede escribir o leer sin más luz que la natural sólo a las 10 de la «noche» o a las 2 de la madrugada, cuando la iluminación es de 30 a 40 lx.
Volver

175. El terciopelo negro y la nieve blanca.
¿Cuál de estas dos cosas es más clara, el terciopelo expuesto a la luz del sol o la nieve limpia una noche de luna?

Parecería que no hay nada más negro que el terciopelo de ese color, ni puede existir cosa más blanca que la nieve virgen. No obstante, estas nociones clásicas de negrura y blancura se tornan distintas si se utiliza un instrumento físico tan imparcial como el fotómetro. Resulta que el terciopelo más negro iluminado por los rayos solares es más claro que la nieve virgen una noche de luna.
La causa de esto es la siguiente: una superficie de color negro, por más oscura que parezca, no absorbe totalmente los rayos de luz visible que inciden sobre ella. Aun el negro de carbón y el de platino, que son las pinturas más negras de las que se conocen, dispersan del 1 al 2 % de la luz que sobre ellas incide. Vamos a considerar que esta magnitud es del 1 % y que la nieve dispersa el 100 % de la luz recibida (estos datos están un poco exagerados; es conocido que la nieve reciente sólo dispersa un 80 % de la luz que incide sobre ella). Se sabe que la iluminación que da el sol es 400.000 veces más intensa que la de la luna. Por ello el 1 % de la luz solar rechazada por el terciopelo negro es miles de veces más intensa que el 100 % de la luz de la luna dispersada por la nieve. En otras palabras, el terciopelo negro expuesto a la luz del sol es mucho más claro que la nieve iluminada por la luna.
Por cierto, lo que acabamos de exponer no sólo se refiere a la nieve, sino también al mejor pigmento blanco (el litopón, el más blanco entre los pigmentos, dispersa el 91 % de la luz recibida). No hay superficie, excepto la que esté caldeada al rojo, que rechace más luz que la que incide sobre ella (la luna refleja 400.000 veces menos luz que el sol), por ello, es imposible que exista una pintura tan blanca que a la luz de la luna sea objetivamente más clara que la pintura más negra un día de sol.
Volver

176. Una estrella y una vela.
¿Qué es lo que alumbra más, una estrella de primera magnitud o una vela encendida alejada a 500 m?

La intensidad luminosa de una vela ordinaria supera cientos de miles de veces la de una estrella: una vela encendida y alejada de nosotros a 500 m produce la misma iluminación que una estrella de primera magnitud. Por ende, con arreglo a las condiciones indicadas al formular el problema, las dos fuentes de luz iluminan de manera igual (a saber, cada una genera 0,000004 lx).
Volver

177. El color de la superficie lunar.
La Luna observada desde la Tierra a simple vista tiene color blanco y observada en un telescopio parece tener color de yeso. No obstante, los astrónomos afirman que su superficie es de color gris oscuro.
¿De qué forma conciliamos estos criterios?

La Luna sólo rechaza una catorceava parte de la luz recibida. Por lo tanto, los astrónomos dicen con toda razón que la superficie de nuestro satélite natural es gris. En una de sus conferencias sobre la luz J. Tyndall explica por qué la Luna vista desde la Tierra parece ser de color blanco:
«La luz que un cuerpo recibe, se divide en dos partes, una de las cuales es rechazada por su superficie. Esta luz reflejada conserva el color que tenían originariamente los rayos incidentes. Si la luz incidente era blanca, la reflejada también lo será. Por ejemplo, la luz solar, aunque la rechace un cuerpo negro, seguirá siendo blanca. Las diminutas partículas del humo más negro que sale de una chimenea y se ilumina con un haz de luz del sol, reflejarán esta luz blanca... De modo que si la Luna estuviera tapizada del terciopelo más negro, no por ello dejaría de presentarnos su disco plateado.»
Por supuesto, el contraste con el cielo oscuro, sobre el cual parecen más brillantes las fuentes luminosas más débiles, no puede menos que realzar la intensidad de la luz de la Luna.
Volver

178. ¿Por qué la nieve es blanca?
¿Por qué la nieve es blanca aunque la forman diminutos cristales transparentes?

La nieve es de color blanco por la misma razón, por la cual parece ser blanco el vidrio triturado y, en general, todas las sustancias transparentes trituradas. Si desmenuzamos un trozo de hielo en un mortero o lo raspamos con un cuchillo, obtendremos polvo de color blanco. Este color se debe a que los rayos luminosos que penetran en los diminutos trocitos de hielo transparente, no emergen de ellos, sino que se reflejan en su interior por la superficie de separación del hielo y el aire (reflexión interna total). A su vez, la superficie del trozo de hielo, que refleja desordenadamente en todos los sentidos los rayos de luz recibidos, nos parece tener color blanco.
De modo que la causa que condiciona el color blanco de la nieve, es su fraccionamiento. Si los espacios que hay entre las partículas de nieve se llenan de agua, ésta pierde su color blanco y se vuelve transparente.
Volver

179. Sacando lustre al calzado.
¿Por qué tienen brillo los zapatos lustrados?

Por lo visto, ni el betún negro ni el cepillo tienen algo que pueda dar brillo al calzado. Por esto, este fenómeno es para muchas personas una especie de enigma.

A una persona disminuida 10.000.000 de veces, una placa bien pulida le parecerá un terreno poblado de colinas

Para descubrir el secreto hay que comprender en qué se diferencia una superficie brillante de otra mate. Se suele creer que la superficie pulida es lisa, mientras que la mate es rugosa. Esto no es cierto: ambas superficies son rugosas. No existen superficies perfectamente lisas. Una pulimentada vista en un microscopio parece cortada a pico, lo mismo que el filo de una navaja vista en un microscopio; a una persona disminuida diez millones de veces, la superficie de una placa esmeradamente pulida le parecería un terreno poblado de colinas .
Cualquier superficie, sea mate o esté muy bien pulida, es rugosa, tiene abolladuras y raspaduras. Todo depende de las dimensiones de estas irregularidades y defectos. Si son menores que la longitud de onda de la luz que cae sobre ellos, los rayos serán reflejados de forma «regular», es decir, conservando todos los ángulos de inclinación de unos respecto a otros que tenían antes de ser rechazados por la superficie. Semejante superficie produce imágenes especulares, brilla y se dice que está pulida. Pero si, en cambio, dichas irregularidades miden más de la longitud de onda de la luz incidente, los rayos luminosos serán reflejados de forma desordenada, sin conservar los ángulos iniciales de inclinación de unos respecto a otros. Semejante luz difusa no da reflejos especulares y se dice que es mate.
De aquí se deduce que una superficie puede estar pulida para unos rayos y ser mate para otros. Para los rayos de luz visible, cuya longitud de onda es de 0,5 micras (0,0005 mm) por término medio, una superficie con irregularidades menores que las que acabamos de indicar, será pulida; para los rayos infrarrojos, de onda más larga, también lo será; pero para los ultravioletas, de onda más corta, será mate.
Mas, volvamos al prosaico tema de nuestro problema: ¿por qué tiene brillo el calzado lustrado? Si la superficie de cuero no está embetunada, presenta todo tipo de irregularidades, de dimensiones considerablemente mayores que la longitud de onda de la luz visible, por consiguiente, es mate. Una capa delgada de betún viscoso, aplicada a tal superficie rugosa, camufla las irregularidades y alisa las fibras finas que hay en ella. Pasando muchas veces el cepillo, se quita el exceso de betún en los salientes y se llenan los entrantes, por lo cual las irregularidades se disminuyen y sus dimensiones se vuelven menores que la longitud de onda de los rayos visibles: a ojos vistos la superficie deja de ser mate y se torna brillante.
Volver

180. El número de colores del espectro v del arco iris.
¿Cuántos colores tienen el espectro solar y el arco iris?

Generalmente se dice y repite que el espectro solar y el iris tienen siete colores. éste es uno de los equívocos más frecuentes, y a nadie se le ha ocurrido refutarlo. Si examinamos la banda de colores del espectro sin atenernos a esta idea preconcebida, sólo distinguiremos los cinco colores fundamentales que siguen: rojo, amarillo, verde, azul y violeta .

Estos colores no tienen límites acusados, la transición de uno a otro es gradual. De modo que además de los colores fundamentales enumerados se distinguen los siguientes matices intermedios: anaranjado, verde amarillo, verde azulado y añil .

O sea, el espectro solar tendrá cinco colores si sólo tenemos en cuenta los fundamentales, o nueve si también consideramos los matices intermedios.

Pero, ¿por qué se acostumbra nombrar siete colores?

Inicialmente, I. Newton sólo distinguió cinco colores. Describiendo su famoso experimento (en su obra Optics) dice lo siguiente: «El espectro está coloreado de modo que su parte menos refractada es roja; la parte superior, más refractada, tiene color violeta. En el espacio comprendido entre estos colores extremos se distinguen los colores amarillo, verde y azul claro.»

Posteriormente, tratando de armonizar el número de colores del espectro y el de los tonos fundamentales de la gama musical, Newton añadió dos colores más a los cinco enumerados. Esta afición al número siete, que no está motivada de ninguna manera, no es sino una reminiscencia de las creencias astrológicas y del tratado de la «música de las esferas» de los antiguos.

Por lo que se refiere al arco iris, ni siquiera podemos tratar de distinguir los siete colores: nunca se llega a distinguir cinco matices. Generalmente, en el arco iris sólo se ven tres colores, a saber, el rojo, el verde y el violeta; a veces apenas se aprecia el amarillo; en otros casos el iris ostenta una franja blanca bastante ancha.

No podemos menos que asombrarnos de cuán arraigada está en la mente humana la leyenda de los «siete» colores del espectro, a pesar de que en nuestra época la física se enseña por métodos experimentales. A propósito, este prejuicio aun subsiste en algunos libros de texto de escuela, mientras que ya está desterrado de los cursos universitarios.

Estrictamente hablando, aun los cinco colores fundamentales del espectro, a los cuales nos hemos referido, son convencionales hasta cierto grado. Podemos dar por sentado que la banda espectral sólo está dividida en tres zonas principales, a saber,

la zona roja,

la zona verde amarilla y

la zona añil.

Si tenemos en cuenta cada uno de los matices distinguibles, según muestran los experimentos, será posible clasificar más de 150 matices.

Volver

181. El arco iris.

Hay quien afirma que ha visto un arco iris un 22 de junio al mediodía en Moscú.

¿Será posible tal cosa?

El arco iris sólo se puede ver cuando el sol se encuentra formando un ángulo de 42° sobre el horizonte (ver figura).

Para que sea posible observar el arco iris, el sol debe ascender a una altitud determinada respecto al horizonte

En la latitud de Moscú, el día del solsticio de verano la altitud del sol meridional (el 22 de junio) es de

$$90° - 56° + 23,5° = 57,5°.$$

Por consiguiente, aquel día el sol estuvo más alto de lo necesario para que fuera posible ver el arco iris.
Volver

182. A través de vidrios de colores.
¿Qué color parecen tener las flores rojas cuando se miran a través de un vidrio verde? Y las azules, ¿qué color tienen?

El vidrio verde sólo deja pasar los rayos verdes y detiene todos los demás: las flores rojas sólo emiten rayos rojos y casi no emiten rayos de otro color. Mirando una flor roja a través de un trozo de vidrio verde, no percibimos de sus pétalos ningún rayo, pues los únicos rayos que emiten, son detenidos por el referido vidrio. Por ello, una flor roja vista a través de semejante vidrio parecerá negra.
También parecerá tener color negro una flor azul vista a través del vidrio verde.
He aquí lo que dice en su libro La física enseñada en las excursiones estivales el Prof. M. Piotrovski, físico, artista y observador muy sagaz de la naturaleza:
«Si observamos un macizo de flores a través de un trozo de vidrio rojo, advertiremos que las flores rojas, por ejemplo, el geranio, son tan intensas como las flores blancas; sus hojas verdes nos parecerán absolutamente negras, con un brillo metálico; las flores azules (el acónito, por ejemplo) se verán tan negras que apenas se distinguirán sobre el fondo negro de las hojas; las flores de color amarillo, rosa y violeta nos parecerán más o menos opacas.»
«Si miramos las mismas flores a través de un vidrio verde, nos impresionará el verdor brillante de sus hojas, cuyo fondo realza la intensidad de las flores blancas; algo más pálidas se verán las amarillas y las celestes; las rojas se convertirán en muy negras; las de color lila y rosa pálido se verán opacas y hasta grises, de modo que los pétalos de color rosa claro del escaramujo resultarán más oscuros que sus hojas.»
« Las flores rojas vistas a través de un vidrio azul también "se volverán" negras; las blancas "se tornarán" claras; las amarillas, totalmente negras; las celestes, casi tan claras como las blancas.
Es obvio que las flores rojas nos envían mucho más rayos rojos que todas las demás; las amarillas despiden cantidades aproximadamente iguales de rayos rojos y verdes, pero muy pocos azules; las de color rosa y púrpura, muchos rayos azules y rojos, pero poco verdes, etc.»
Volver

183. El oro cambia de color.
¿En qué condiciones el oro tiene color plateado?

Para que el oro pierda su característico color amarillo, hay que exponerlo a una luz exenta de rayos amarillos. Para crear este efecto, Newton retenía el color amarillo del espectro dejando pasar los demás colores y uniéndolos a continuación mediante una lente convergente. «Si los rayos amarillos se retienen antes de que atraviesen la lente -apuntó el sabio posteriormente-, el oro (iluminado por los demás rayos) parecerá tan blanco como la plata.»
Volver

184. El percal visto a la luz eléctrica.
¿Por qué el percal que tiene color lila a la luz diurna, parece ser negro a la luz eléctrica?

La luz de la bombilla eléctrica tiene muchos menos rayos azules y verdes que la del sol. De modo que el percal lila, iluminado por la luz de la bombilla eléctrica casi no refleja rayos; los únicos rayos que podría reflejar, no los recibe. Si el ojo humano no recibe rayos luminosos de una superficie, ésta le parece negra.

Volver

185. El color del firmamento.
¿Por qué el firmamento que tiene color azul de día, se torna rojo cuando se pone el Sol?

El sol envía luz blanca a la atmósfera terrestre, pero nuestro ojo sólo percibe los rayos dispersados por las moléculas del aire y por las diminutas partículas de polvo que se encuentran suspendidas en él. Las moléculas de aire y las partículas de polvo rechazan los rayos de onda corta, es decir, sólo los de color azul oscuro y claro; las ondas más largas «contornean» dichas partículas y prosiguen su recorrido. Por consiguiente, en la luz dispersa predominan rayos azules, mientras que la que atravesó la atmósfera, tiene un exceso de rayos rojos.

De día vemos el cielo azul oscuro o claro, puesto que sólo recibimos rayos dispersos. Pero por la mañana o por la tarde, en cambio, cuando el sol sale o se pone, nuestro ojo percibe los rayos que atravesaron una gruesa capa de aire, de modo que vemos roja la franja del cielo próxima al horizonte. De la misma manera, durante los eclipses lunares totales el satélite natural de la Tierra se vuelve rojizo debido a los rayos que atravesaron la atmósfera terrestre.

Un meteorólogo norteamericano explica la variedad de los matices del cielo vespertino de la manera siguiente:

«El color del cielo depende del brillo relativo de los rayos de color que llegan al ojo del observador; a su vez, este brillo depende de la dispersión condicionada por el tamaño de las partículas de polvo presentes en la atmósfera y de su número... Si dichas partículas son relativamente pocas o pequeñas, el cielo es azul claro. Cuando aumentan su cantidad o dimensiones (por ejemplo, en los días secos y ventosos) o sólo las dimensiones (en vista de la higroscopicidad de las partículas, cuando se eleva la humedad atmosférica), los rayos de onda corta se debilitan mucho más, de modo que el cielo tiene un color que corresponde a una longitud de onda mayor, tornándose verde, amarillo e incluso rojo. Además, si las partículas de polvo son tan grandes que rechazan los rayos de todos los colores, el cielo se vuelve blanquecino.

Esta descripción explica, por qué el cielo suele estar matizado de diferentes colores por la tarde y por la mañana: rojo junto al horizonte, anaranjado y amarillo algo más arriba y verde o verde azulado a más altura aún. En este caso influye la altitud y, por consiguiente, la disminución de la cantidad de partículas y de su número en aquellas capas de la atmósfera que reciben los rayos solares antes de que éstos recorran el espacio desde el límite exterior de la atmósfera hasta la zona del cielo que estamos examinando, y desde esta última, hasta los ojos del observador.»

A propósito, el color del cielo vespertino es uno de los presagios «locales» del tiempo que hará al día siguiente. Si por la tarde el cielo se tiñe de rojo, al día siguiente no lloverá. Si junto al horizonte en el poniente el cielo tira a amarillo o verde, es muy probable que haga buen tiempo. Pero si por la tarde el cielo se matiza de gris homogéneo, es posible que llueva.

Volver

186. El eclipse artificial del Sol.
Un inventor patentó su dispositivo consistente en un tubo que permite ver las estrellas y otros objetos dispuestos cerca del borde del disco solar, sin esperar un eclipse total del astro.

Dispositivo destina do a imitar el eclipse solar total

He aquí la descripción del invento:

«El artefacto consta de un tubo de 35 a 50 m de longitud compuesto de varillas de aluminio (para disminuir su peso) sujetadas unas a otras de modo que forman marcos rectangulares no muy grandes, según muestra la figura. En dichos marcos se colocan cristales pintados de negro por el lado interior, absolutamente impenetrables para la luz.

En el extremo superior del tubo está fijado un disco metálico que sustituye la Luna. éste debe tapar el Sol como en un eclipse total. El disco se desplaza por una varilla que mide lo mismo que el tubo; dicha varilla también se desplaza en sentido vertical, regulando la posición del disco. La varilla está sujetada en tres puntos (p, q y x) a la armazón del tubo para evitar las desviaciones y la vibración. Después de terminar las observaciones, la boca superior del tubo se tapa con el disco de aluminio mn (para proteger el interior de las precipitaciones) mediante un resorte y un alambre. El tubo puede girar como un telescopio permitiendo efectuar las observaciones sin que importe la posición del Sol en el cielo. El aparato está fijado sobre el soporte MN.

El telescopio ef, destinado a efectuar las observaciones, se encuentra dentro de la cámara oscura CD. Es sabido que desde el fondo de un pozo profundo se pueden ver las estrellas en el cielo de día y a la luz del sol; desde la superficie terrestre las estrellas sólo se ven después de la puesta del sol. Este fenómeno se observa porque en el pozo no entran rayos luminosos procedentes de la atmósfera iluminada por el astro, que de día no dejan ver las estrellas desde la superficie terrestre.»

«El mismo efecto se produce en el tubo descrito, en cuyo interior no entra luz y en cuya cámara oscura CD no entran rayos luminosos reflejados por la atmósfera iluminada. En el otro extremo del artefacto está colocado un disco que tapa el Sol. Precisamente en el espacio entre el disco y el borde del tubo se observan los fenómenos que tienen lugar junto a la llamada posición visible del astro.»

¿Qué opina usted sobre este invento?

La idea de este invento está basada en un equívoco ingenuo de que es suficiente tapar el limbo solar con un círculo no transparente para crear la situación de eclipse solar. Otro error del inventor consiste en la seguridad de que desde el fondo de un pozo profundo es posible ver estrellas a la luz del sol. Ambos supuestos son teóricamente erróneos y no se corroboran experimentalmente.

¿Por qué, en condiciones normales, no distinguimos ni las estrellas ni los rayos de la corona solar junto al borde de este astro? No sólo porque nos deslumbra la luz brillante del sol, sino porque la atmósfera dispersa los rayos luminosos que inciden en ella, a consecuencia de lo cual la luz tenue procedente de la corona y las estrellas se pierde en la dispersa. Si no hubiera atmósfera, sobre el firmamento negro a la luz del sol divisaríamos tanto las estrellas como la corona solar. Cada partícula que se encuentra en suspenso en la atmósfera terrestre iluminada por el sol viene a ser un lucero que emite una luz más intensa que las estrellas verdaderas, de modo que la que nos llega de los luceros es incapaz de penetrar a través de esa cortina brillante y continua. ésta es la causa por la cual de día no vemos las estrellas.

Para un observador que se encuentra en el fondo de un pozo profundo, las condiciones son las mismas: entre su ojo y las estrellas media la misma capa de la atmósfera que las hace indistinguibles: los rayos luminosos procedentes de los astros se confunden con haces más intensos dispersados por las partículas de aire. Es muy extraño, pues, que haya surgido esta leyenda tan poética de que desde el fondo de los pozos profundos y a través de las chimeneas de fábricas se ven estrellas. Ninguna de las publicaciones contiene pruebas directas de que esto sea factible: todos los autores que habían escrito sobre esto Aristóteles hasta John Herschel, hacen referencia a otras personas. Cuando Humboldt trató de averiguar entre los deshollinadores berlineses si alguno de ellos de día había visto estrellas desde el interior de las chimeneas de una fábrica, nadie le respondió afirmativamente

Ahora volvamos a examinar el eclipse solar artificial. Tapando el sol con un círculo y permaneciendo en el fondo del enorme océano de aire, protegemos el ojo de los rayos solares directos; no obstante, el cielo que se ve encima de dicho círculo sigue lleno de luz, y las partículas de aire continúan dispersándola y acortando el paso» a la procedente de las estrellas y la corona solar. El caso se torna distinto si una pantalla protectora se coloca fuera de la parte densa de la atmósfera, como sucede cuando la luna tapa el sol: en este caso la pantalla intercepta los rayos solares antes de que alcancen la atmósfera terrestre. De modo que los rayos luminosos no se dispersan en la zona sombreada de la atmósfera; no obstante, en dicha zona penetran rayos dispersados por las zonas más claras cercanas a la sombra, llegando algunos de ellos hasta el observador. Por ello, ni siquiera en los momentos de eclipse solar total, el firmamento es tan negro como a la medianoche.

Así pues, la inconsistencia de la idea de este invento está a la vista.

Volver

187. La luz roja.
¿Por qué en los ferrocarriles se utiliza la luz roja como señal de alto?

Los rayos rojos, como rayos de mayor longitud de onda, son menos dispersados por las partículas suspendidas en el aire que los de otros colores. Por eso, su alcance es mayor que el de estos últimos. A su vez, en el transporte, la visibilidad de la señal es la característica más importante: para detener el tren, el maquinista debe empezar a frenarlo a una distancia considerable del obstáculo.

Para obtener imágenes de los planetas (especialmente, de Marte) los astrónomos se valen del filtro infrarrojo, pues la atmósfera es más transparente para los rayos rojos que para los de otros colores. Los detalles que no se distinguen en una imagen ordinaria, se revelan más nítidamente en una foto sacada a través de una placa de vidrio que sólo deja pasar rayos infrarrojos; en este último caso se logra obtener imágenes de la superficie del planeta, mientras que en las fotografías ordinarias sólo aparece su atmósfera.

Además, se prefiere utilizar la luz roja como señal de alto porque el ojo humano es más sensible a este color que al azul o al verde.

Volver

188. La refracción y la densidad.
¿Qué dependencia hay entre el índice de refracción y la densidad del medio?

Muy a menudo se suele afirmar que el índice de refracción de una sustancia es tanto mayor como mayor es su densidad. Se asevera que « al pasar un rayo de un medio menos denso a otro, más denso, su recorrido se aproxima a la perpendicular de incidencia». Este fenómeno tiene lugar frecuentemente, pero no siempre, ni mucho menos.

Es cierto que la razón de los índices de refracción de dos medios es inversamente proporcional a la de las velocidades de la luz en éstos. Por lo tanto, el problema que nos interesa puede ser planteado de otra manera, más idónea para el análisis:

¿Será cierto que la velocidad de la luz es tanto menor cuanto más denso es el medio donde se propaga?

Si comparamos los tres medios más importantes -el vacío, el aire y el agua- nos daremos cuenta de que semejante dependencia no existe. Si adoptamos por unidad la densidad del aire, la de los tres medios se expresará con los datos siguientes:

vacío   0

aire   1
agua   770

Si adoptamos la velocidad de la luz en el aire como unidad, las respectivas velocidades de la luz serán las siguientes:

en el vacío   1
en el aire   1
en el agua   0.75

Como vemos, no se advierte la dependencia que se esperaba. Más aún, existen sustancias de una misma densidad, en las cuales la luz se propaga con velocidad diferente (es decir, los índices de refracción de estas sustancias son distintos). Así son el cloroformo y la caparrosa blanca diluidos convenientemente. También existen sustancias de índice de refracción igual, pero de densidad diferente: el vidrio es dos veces más denso que el aceite de cedro, no obstante la velocidad de la luz en ellos es igual (es imposible ver una varilla de vidrio colocada en el seno del aceite de cedro). La proporcionalidad inversa entre el índice de refracción y la densidad tiene lugar en un solo caso, a saber, cuando se trata de un mismo medio, pero a diferente temperatura o presión. En los demás casos esta regla no sirve.
Volver

189. Dos lentes.
He aquí una de las preguntas del certamen de Edison:
« El índice de refracción de una lente biconvexa es 1,5, y el de otra, 1,7. Ambas lentes son geométricamente idénticas. ¿Habrá alguna diferencia óptica entre ellas? ¿Qué cambios sufre un haz luminoso al pasar por cada una de estas lentes si están sumergidas en un líquido transparente cuyo índice de refracción es 1,6?»

Las lentes de forma y dimensiones iguales, pero de índice de refracción diferente (1,5 y 1,7) tienen diferentes distancias focales principales; la lente del índice mayor tiene más corta la distancia focal (en el caso dado, en el 28%).
Si ambas lentes se encuentran en el seno de un líquido cuyo índice de refracción es 1,6, influirán de diferente manera en el comportamiento de los rayos luminosos: la de índice de refracción 1,5, o sea, menor que el del líquido, actuará como una lente poco divergente, y la de índice mayor, como una poco convergente.
Volver

190. La Luna junto al horizonte.
Cuando la Luna se encuentra junto al horizonte, parece tener dimensiones más grandes que estando próxima al cenit. ¿Por qué, pues, en su disco aumentado es imposible distinguir nuevos detalles?

¿En qué caso es mejor estudiar la superficie de la Luna, cuando está lejos o cerca del horizonte?

Se distinguirán nuevos detalles siempre que el objeto se observe bajo un ángulo visual mayor. Por eso, si observáramos la luna cerca del horizonte bajo un ángulo de visión mayor que cerca del cenit, descubriríamos nuevos detalles en su disco. Mas, cuando está cerca del horizonte, sus dimensiones angulares no superan, ni mucho menos, las que tiene estando junto al cenit, ya que este satélite natural no se acerca hacia el observador cuando lo contempla próximo al horizonte; al contrario, es fácil comprender que en este caso se encuentra aún más lejos del observador que cuando está en lo alto del firmamento.

Aunque no hay necesidad de exponer las causas del aumento aparente de los astros junto al horizonte, no estará de más indicar que dicho efecto no tiene nada que ver con la refracción atmosférica, a la cual se atribuye frecuentemente.

En realidad, la refracción, lejos de aumentar el diámetro vertical del lucero junto al horizonte, lo disminuye, dando forma elíptica a los limbos solar y lunar.

Aún no se ha logrado determinar definitivamente la causa verdadera del aumento del diámetro de los luceros junto al horizonte; pero sea cual fuere, este fenómeno no tiene nada que ver con la refracción atmosférica.

Volviendo a nuestro problema, hemos de subrayar que el aumento virtual del tamaño de los astros junto al horizonte es consecuencia de un efecto muy distinto del que tiene lugar cuando se mira a través de un telescopio o un microscopio. Los instrumentos ópticos cambian el sentido de los rayos que entran en el ojo humano, de modo que aumenta su imagen en la retina. En esto reside la esencia del efecto que crean los instrumentos ópticos que no agrandan los objetos ni los aproximan hacia el observador (éstas sólo son expresiones figuradas), sino que aumentan las imágenes de los objetos proyectadas sobre la retina, por lo cual cada una cubre un mayor número de terminaciones nerviosas. Si no se utiliza ningún instrumento, ciertos elementos del objeto se proyectan sobre una misma terminación nerviosa y, por ello, se confunden en un punto; en cambio, cuando se mira a través del artificio correspondiente, se proyectan sobre diferentes terminaciones y se perciben como entes distintos.

Nada similar se observa cuando aumenta aparentemente el tamaño de los astros cerca del horizonte; la Luna no se proyecta aumentada sobre la retina, por lo cual es imposible divisar nuevos detalles en su disco.

Volver

191. La luna vista a través de un orificio punzado en una hoja de cartulina.
¿Por qué una hoja de cartulina con un orificio practicado en su centro puede utilizarse como una lupa?

La Luna vista en un carrete de madera. El objeto se pega a un círculo de celuloide transparente C y se examina a través de un diminuto orificio O, practicado en el círculo de cartulina P. El interior del carrete está pintado de negro.

Si examinamos un objeto pequeño a través de un diminuto orificio abierto en una hoja de cartulina, sus dimensiones nos parecerán notablemente aumentadas; este aumento no es aparente (como el del limbo solar próximo al horizonte), puesto que semejante dispositivo permite descubrir nuevos detalles en el objeto. No obstante, la función que en este caso cumple el referido orificio, se diferencia de la de una lupa.

Figura 116. Compresión virtual del disco solar junto al horizonte por efecto de la refracción atmosférica

La lente cambia el sentido de los rayos luminosos de modo que en la retina del ojo se proyecta la imagen aumentada del objeto que se examina. El orificio diminuto también la aumenta, pero no cambiando el sentido de los rayos, sino reteniendo aquellos que desdibujan la imagen sobre la retina. De manera que dicho orificio permite acercar considerablemente el objeto hacia la pupila sin afectar la nitidez de la imagen; en otras palabras, hace las veces de diafragma.

Pero semejante orificio no es totalmente idéntico a la lente en todos los sentidos: ésta utiliza más luz y proporciona imágenes mucho más brillantes que un orificio.

La «lupa» representada en la figura consta del carrete de madera K (su interior está pintado de negro). El objeto está pegado al círculo de celuloide transparente C en el punto M y se examina desde una distancia de 2 cm mediante un orificio muy pequeño O punzado en el círculo de cartulina P. Para que la imagen sea nítida, la distancia del ojo normal hasta el objeto debe ser de 25 cm, por ello, este último se verá bajo un ángulo 12,5 veces mayor que cuando la lupa no se utiliza. En otras palabras, se obtiene un aumento lineal de 12,5 veces. No obstante, este aumento sólo es eficiente si el objeto esta muy bien iluminado.

Volver

192. La constante solar.

Por constante solar se entiende la cantidad de energía térmica recibida cada minuto en el límite superior de la atmósfera por una superficie plana de 1 cm 2 de área, dispuesta perpendicularmente a los rayos solares.

¿Dónde y cuándo es más elevada esta magnitud, en un trópico en invierno o dentro de un círculo polar en verano?

La constante solar vale lo mismo (1,9 kcal por minuto) en todas las latitudes del globo terráqueo y en todas las estaciones del año. Durante todo el año el sol envía una cantidad igual de energía a cada centímetro cuadrado de superficie que esté dispuesta perpendicularmente a los rayos fuera de la atmósfera terrestre. Las diferencias del clima y de unas estaciones del año respecto a otras sólo se deben a que durante las diversas estaciones distintas zonas de la superficie terrestre y de una misma zona de ésta están inclinadas bajo diferentes ángulos con respecto a los rayos solares.

En 1a Tierra, cada centímetro cuadrado de una superficie perpendicular a los rayos solares, dondequiera que se encuentre, siempre recibirá una misma cantidad de calorías, tanto en invierno como en verano, lo mismo en el polo que en el ecuador. Pero en las zonas polares la superficie no forma ángulo de 90° respecto a los rayos solares; en el ecuador algunas zonas sólo lo forman dos días al año, mientras que el resto del año la superficie de la zona ecuatorial forma con ellos un ángulo muy próximo al recto, a diferencia de las regiones polares, donde es mucho más agudo.

Volver

193. El objeto más negro.

Cite el objeto más negro.

Se dice que una superficie es negra si está iluminada y no envía al ojo rayos luminosos.

Estrictamente hablando, en la naturaleza no existen semejantes objetos: los llamados colores negros (el negro de humo, el negro de platino, etc.) rechazan cierta parte de la luz que los ilumina.

Así pues, ¿cuál de los objetos es el más negro?

La respuesta es bastante inesperada: el objeto más negro es un agujero negro.

Por cierto, no se tiene en cuenta un agujero cualquiera, sino uno bajo ciertas condiciones. Por ejemplo, lo sería un orificio perforado en la pared de una caja cerrada, cuyo interior esté pintado de negro.

Coja una caja, píntela del color más negro por dentro y por fuera y abra en su pared un agujero pequeño: éste siempre le parecerá más negro que la pared de la caja. La causa de este efecto es la siguiente: una parte del haz de rayos luminosos que entran en la caja a través de dicho orificio, es absorbida por las paredes negras, en tanto que la otra es reflejada; esta última no sale de la caja por el agujero, sino que incide repetidamente sobre la superficie interior negra, volviendo a ser absorbida y reflejada parcialmente, etc. Antes de que el resto de rayos salga por el orificio, dentro de la caja la luz es absorbida y rechazada tantas veces que se debilita hasta no poder herir nuestro ojo.

Si este fenómeno se ilustra con datos numéricos, se entiende mejor en qué progresión disminuye la intensidad del haz luminoso mientras es reflejado muchísimas veces. Para simplificar, supongamos que el color negro de las paredes interiores de la caja absorbe el 90 % de la luz que recibe, dispersando el 10 % restante. Entonces, el haz reflejado una vez sólo tendrá 0,1 parte de la energía inicial; el reflejado dos veces, 0,1 · 0,1, es decir, 0,01; el reflejado tres veces, 0,1 · 0,01, es decir, 0,001, etc.

Por ejemplo, es fácil calcular la intensidad de un rayo reflejado por vigésima vez: será 1 * 10 20 veces menor que la inicial, a saber, constituirá su

0,00000000000000000001 parte.

Prácticamente, esta cifra equivale a la ausencia de luz, pues el ojo humano es incapaz de percibir una luz de intensidad tan insignificante. Si el haz inicial procedente del sol generaba una iluminación de 100.000 lx, después de la vigésima reflexión la iluminación será de sólo

0,000000000000001 lx.

Se sabe que la iluminación creada por una estrella de sexta magnitud (de la estrella menos brillante que se distingue a simple vista) vale 0,00000004 lx. Por consiguiente, los rayos que salen por el orificio después de reflejados por vigésima vez son incapaces de producir algún efecto en la vista humana.

Ahora está claro, por qué el orificio de una caja o un recipiente de garganta estrecha es más negro que el color más negro. Semejante caja con orificio sirve de modelo del cuerpo negro o de cuerpo negro artificial.

Volver

194. La temperatura del Sol.
¿Cómo se logró determinar la temperatura de la superficie del Sol?

La temperatura de la superficie solar se determina con arreglo a la ley de emisión del llamado cuerpo negro, es decir, de un cuerpo imaginario que absorbe el 100 % de la energía radiante que recibe (todos los cuerpo negros naturales, aun el negro de humo, no lo son absolutamente, pues rechazan cierta parte de los rayos que inciden sobre ellos). La ley física establecida por Stefan reza: la energía radiada por un cuerpo negro varía como la cuarta potencia de su temperatura absoluta.

Para el cálculo de la temperatura del sol

Por ejemplo, un cuerpo negro calentado hasta 2400 K (2127 °C) emite 3, es decir 81 veces más energía que a los 800 K (527 °C).

Para calcular la temperatura de la superficie del Sol partiendo de este dato, supongamos que el globo terráqueo se diferencia poco del cuerpo negro, y que la temperatura media de toda la superficie terrestre es de 17 °C, 0 290 K. El hecho de que en realidad las diversas zonas de esta última tienen una temperatura mayor o menor que la media, no influirá mucho en el resultado del cálculo (lo mismo que el hecho de que la Tierra no es un cuerpo negro).

Es posible calcular geométricamente que el limbo solar ocupa 1/188.000 parte de toda la esfera celeste 1 . Vamos a suponer que la Tierra se encuentra en el centro de una esfera hueca de 150.000.000 km de radio (la distancia de la Tierra al Sol), y que cada unidad de superficie de esta última emite la misma cantidad de energía que el astro. En otras palabras, supongamos que todo el firmamento está cubierto de soles; serán 188.000 soles. Esta esfera resplandeciente enviaría al Globo 188.000 veces más energía que ahora.

Por consiguiente, la temperatura de nuestro planeta sería igual a la del astro, ya que en el caso de equilibrio térmico estabilizado se iguala la temperatura de todos los cuerpos. También hay que considerar que en estas condiciones la Tierra emitiría tanta energía como recibiría (en otro caso no estaría en equilibrio térmico con la esfera resplandeciente, sino que se calentaría o enfriaría).

Como la Tierra recibiría toda la energía enviada por la esfera caliente, las cantidades de energía emitidas por ellas serían iguales. Pero dicha superficie esférica emite la misma cantidad de energía que el Sol; por consiguiente, la superficie del planeta despediría la misma cantidad de energía que este último, y, al mismo tiempo, 188.000 veces más de lo que está emitiendo ahora. La temperatura (en grados Kelvin) es proporcional a la raíz cuarta de la emisión; si esta magnitud es 188.000 veces mayor, resulta que la temperatura será

es decir 20,8 veces más alta. Multiplicando 290 K (la temperatura del globo terráqueo) por 20,8, obtenemos 6000 K. ésta sería la temperatura del Globo. Como su temperatura equivaldría a la del Sol, de esta manera queda determinada la de este último: sería de unos 6000 K, es decir, de 5700 °C.

Este razonamiento que semeja la demostración de un teorema de geometría, pues requiere de construcciones auxiliares bastante complicadas, muestra cómo se las ingenian los físicos para examinar los hechos que no pueden ser estudiados por vía experimental.

Volver

195. La temperatura del Universo.
¿Qué se entiende por temperatura del Universo?
¿Qué temperatura tendrán los cuerpos que se encuentran en él?

Muchas personas utilizan el término «temperatura del Universo» seguras de que conocen y entienden su significado. Además, están muy seguras de que la temperatura del Universo es de 273 °C, y que todo cuerpo del espacio interplanetario, que no esté dentro de la atmósfera terrestre, debe estar enfriado hasta cero absoluto.

Un cuerpo dispuesto en el Universo a 150.000.000 km del sol y protegido de sus rayos, tendrá una temperatura de –264°C

Tanto lo uno como lo otro son criterios equivocados. Primero, hay que tener en cuenta que un espacio que no contiene materia, no puede tener temperatura alguna. El término «temperatura del Universo» tiene significado convencional y no literal. Segundo, si todos los cuerpos del Universo tuvieran la temperatura de - 273 °C, el globo terráqueo, que también pertenece al Universo, correría la misma suerte; no obstante, la temperatura de la superficie terrestre es 290° mayor que el cero absoluto.

Los rayos solares calentarían hasta +12°C una bola metálica de 1 cm de diámetro, dispuesta a 150.000.000 km del Sol

En fin, ¿qué debemos entender por «temperatura del Universo»?
ésta es la temperatura que tendría el cuerpo negro (véase la respuesta al problema 194), protegido de los rayos del Sol y los planetas, es decir, sólo calentado por el calor de las estrellas. En distintas épocas esta magnitud se determinaba de distintas maneras, además, se obtenían valores diferentes. En opinión del físico francés C. Pouillet, su valor más probable sería de -142 °C; utilizando criterios muy diversos, su colega inglés H. Fröhlich obtuvo un valor de -129 °C. El resultado más confiable lo proporciona el cálculo efectuado a base de la emisión de las estrellas y la ley de Stefan, siguiendo el mismo procedimiento que para determinar la temperatura del Sol.

Un alambre fino, colocado perpendicularmente a los rayos solares y sujeto a las mismas condiciones, se calentaría a +29°C

La radiación total de las estrellas de un hemisferio celeste es 5.000.000 de veces menor que la del Sol. Si el firmamento brillase como el Sol, su radiación sería

(5.000.000 * 188.000) / 2 = 470.000.000.000 veces

mayor que la estelar.
Si la Tierra sólo fuera calentada por el calor de las estrellas, irradiaría una cantidad de energía 470.000.000.000 de veces menor que el Sol.

Una lámina metálica en estas mismas condiciones, tendría una temperatura de +77°C

Dado que la temperatura absoluta es proporcional a la raíz cuarta de la radiación, la del Globo sería

veces menor que la de la superficie solar.
Es sabido que la temperatura absoluta de esta última es de 6000 K, por lo cual las estrellas calentarían la Tierra en 6000 : 700 grados, es decir, sólo en 9 grados más que la temperatura del cero absoluto, lo cual equivaldría a -264 °C. ésta es la temperatura del Universo.
La temperatura media de nuestro planeta es mucho mayor que 9K, es de 290 K, ya que no sólo lo calienta la luz estelar, sino también los rayos del Sol. Si no existiera el Sol, en la Tierra reinaría un frío de -264°C.
Ahora está claro que cualquier objeto dispuesto en el espacio interplanetario, pero no protegido de los rayos solares, tendría una temperatura mucho mayor que los -264 °C. La temperatura de dicho cuerpo dependería de su conductividad térmica, así como de su forma y las propiedades de su superficie. A continuación ofrecemos algunos ejemplos que muestran, cuánto se calentarían diversos cuerpos en semejantes condiciones.

Una bola metálica de 1 cm de diámetro que conduce bien el calor, colocada a una distancia de 150.000.000 de kilómetros del Sol se calentaría hasta + 12 °C .

Un alambre delgado y largo de sección circular, alejado a la misma distancia del Sol y colocado perpendicularmente a sus rayos, se calentaría hasta + 29°C . (El mismo alambre, dispuesto paralelamente a los rayos solares, se calentaría mucho menos.) Cualquier otro cuerpo de forma alargada, colocado perpendicularmente a los rayos solares, tendría una temperatura de +12 a +29 °C.

Una lámina metálica delgada, alejada del Sol a la misma distancia que la Tierra y dispuesta perpendicularmente a los rayos solares, se calentaría en el espacio interplanetario hasta 77 °C . Si su cara que da a la sombra es de color claro y está pulida, mientras que la otra es negra y mate, se calentaría hasta + 147 °C.

Se podría preguntar: ¿por qué, pues, nunca se calienta tanto semejante plancha metálica dispuesta en la superficie terrestre? Porque está rodeada de aire, y las corrientes de aire (la convección) se llevan parte de su calor, impidiendo que éste se acumule en ella. En la Luna, en cambio, donde no hay atmósfera, se calentaría hasta esa temperatura: es harto conocido cuánto se calienta la zona ecuatorial del satélite natural durante el día lunar. Si la cara negra de la referida lámina da a la sombra, en tanto que la pulida da al Sol, todo el objeto se calentará hasta una temperatura más baja, de -38 °C.Estos datos tienen mucha importancia práctica para mantener las condiciones adecuadas en la cabina del globo estratostático y, especialmente, en la astronáutica. Cuando Piccard ascendió por primera vez a la altitud de 16 km en una cápsula cuyas dos mitades estaban pintadas de blanco y negro, esta última -a consecuencia de un defecto del mecanismo de giro- tuvo que permanecer durante algún tiempo virada del lado oscuro al Sol. Aunque fuera de aquella cabina de aluminio hacía un frío de -55 °C, el tripulante sufrió mucho a causa del calor que hacía en su interior.
Los que tomaron parte en una expedición al Polo austral, se percataron de que la temperatura de los cuerpos alumbrados por el sol puede ser muy elevada, aunque la del medio ambiente sea muy baja. «Es interesante señalar que a la temperatura ambiente que generalmente era bastante baja, pocas veces superior a los 18 °C bajo cero -escribió posteriormente uno de los expedicionarios-, nuestro actinómetro (instrumento destinado a medir la energía de la radiación solar) a veces indicaba unos 46 °C sobre cero.» Este fenómeno tiene numerosas aplicaciones industriales. Por ejemplo, en Tashkent (Asia Central) fue construido un dispositivo que eleva la temperatura hasta 200 °C a expensas de la energía solar, sin emplear lentes ni espejos. En Samarcanda se hizo hervir agua calentada por rayos solares mediante el mismo procedimiento, a pesar de que la temperatura ambiente era de 14 grados bajo cero.
En el espacio extraterrestre sería posible calentar hasta una temperatura extraordinariamente alta un cuerpo de absorción selectiva, es decir, que no absorbe todos los rayos que recibe (como hacen los cuerpos negros), sino sólo los de determinada longitud de onda. Por ejemplo, el astrónomo francés Ch. Fabry calculó que un cuerpo que sólo absorba rayos azules de longitud de onda 0,004 mm y que se encuentre en la órbita terrestre en el espacio tendrá una temperatura de 2000 °C aproximadamente: un trozo de platino cubierto de una capa de semejante sustancia se fundiría por la acción de los rayos solares. Es posible que a esas propiedades de la sustancia se deba la luminosidad de los cometas cuando se acercan al Sol.

Capítulo VI
VARIAS

Contenido:
Aleación magnética

Partición del imán
Un trozo de hierro en una balanza
Atracción y repulsión eléctrica y magnética
Capacidad eléctrica del cuerpo humano
Resistencia del filamento
Electroconductibilidad del vidrio
El daño que causa el encendido frecuente de las bombillas eléctricas
El filamento
Longitud del relámpago
La corriente mortífera
Longitud de un segmento
La gota de agua horada la piedra
Dos ciudades
Una botella en el fondo del océano
Calas, o bloques de calibrado
Una vela dentro de un tarro tapado
Cronología de las escalas termométricas
Los inventores de termómetros
La masa del globo terráqueo
El movimiento del Sistema Solar
Acerca del vuelo a la Luna
El hombre se pone a salvo de la gravedad
La tercera ley de Kepler
El movimiento perpetuo
El organismo humano y la máquina térmica
Meteoritos
La niebla en zonas industriales
El humo, el polvo y la niebla
Velocidad de las moléculas de agua
Movimiento térmico de las moléculas a 273 °C bajo cero
El cero absoluto
El vacío
La temperatura media de la materia
Una diezmillonésima de gramo
El número de Avogadro
Un litro de alcohol vertido en el Océano Mundial
Distancia entre las moléculas
Masas del átomo de hidrógeno y de la Tierra
El tamaño de la molécula
El electrón y el Sol
La masa de la energía
La mecánica escolar y la teoría de la relatividad
El litro y el decímetro cúbico
El peso del hilo de telaraña
Las botellas y los barcos
En la plataforma de una báscula
Salto retardado
Dos bolas
Caída «superacelerada»
En una escalera mecánica

196. Aleación magnética.
¿Existe alguna aleación que se magnetice más que el hierro?

Existe una aleación que, estando en iguales condiciones que el hierro, se imanta más. Se trata de la aleación llamada perminvar, que consta de níquel (45 %), cobalto (25%) y hierro (30 %). La permeabilidad magnética del perminvar es dos veces mayor que la del hierro.
Volver

197. Partición de un imán.
Una varilla imantada se divide en fragmentos pequeños. ¿Cuál de ellos estará más magnetizado, alguno de los que estaban más cerca de sus extremos u otro, de los cercanos a su punto medio?

Como la intensidad del imán disminuye notablemente al aproximarse a la línea neutra, se podría esperar que los fragmentos de su parte central estarán muy poco magnetizados. No obstante, esto no es así: los trozos más próximos al punto medio están más imantados que los demás.
La causa de ello se entiende fácilmente examinando el caso de un imán largo cortado transversalmente en varias partes.

¿Cuál de los fragmentos de la varilla imantada atrae más?

Cada una de ellas será un imán pequeño con sendos pares de polos orientados como está indicado en la figura. Si el imán a fuera más intenso que el b (lo cual sería muy natural), el polo sur s del a equilibraría con creces la acción del polo norte n del b, y en general los polos sur de cada uno de los imanes pequeños de la parte norte del imán originario anularían la de los polos norte, por lo cual se observaría cierto exceso de acción del magnetismo sur. En suma, este extremo de nuestro imán correspondería al polo sur, y no al polo norte. Así que no habrá ninguna contradicción si suponemos que la intensidad de cada uno de los imanes pequeños se incrementa a medida que se aproxima a la línea neutra.
Volver

198. Un trozo de hierro en una balanza.
Una balanza está equilibrada con un trozo de hierro y una pesa de cobre (ver la figura). Si tenemos en cuenta la acción del magnetismo terrestre, ¿podemos dar por estrictamente iguales las masas de estos dos cuerpos?

Un trozo de hierro en una balanza

«El globo terráqueo es un imán gigantesco; por ello, el plato que sostiene el trozo de hierro será atraído más que el otro, que sostiene la pesa de cobre, y, por consiguiente, la masa de esta última no será igual a la del trozo de hierro.»
Los que razonan de esa manera hacen caso omiso de las enormes dimensiones del globo terráqueo comparado con las del trozo de hierro en cuestión, así como las consecuencias que se derivan de este hecho. El caso es que el imán atrae y repele el hierro al mismo tiempo: si acercamos al referido

trozo el polo norte de un imán, entonces en su extremo más próximo a éste último surgirá el polo sur que será atraído por el norte del imán, mientras que en el otro extremo del trozo surgirá el polo norte, repelido por el norte del mismo imán. Entre las dos fuerzas, la atractora y la repulsora, predominará la primera, puesto que la distancia entre los polos de signos contrarios será menor que entre los del mismo signo. El polo sur del imán también atrae y repele al mismo tiempo al referido trozo de hierro, pero en este caso la atracción es más intensa que la repulsión.

Semejante fenómeno tiene lugar sí el imán es de dimensiones ordinarias. Si se trata de uno gigantesco como es el Globo, el caso es distinto. El trozo de hierro colocado en la balanza, encontrándose en el campo magnético terrestre, también tiene dos polos, pero en este caso es imposible afirmar que uno de ellos es atraído más intensamente por el polo magnético de la Tierra más próximo a él, que el otro: la diferencia de distancia es tan ínfima que, de hecho, no podrá influir de alguna manera en la intensidad de interacción de los polos. ¿Qué importancia tiene la distancia entre los polos del pedazo (que mide unos cuantos centímetros o decímetros) en comparación con la que hay entre ellos y el polo magnético de la Tierra (que es de varias miles de kilómetros)? Conque, la masa del trozo de hierro equilibrado en la balanza es la misma que la de las dos pesas. El magnetismo terrestre es incapaz de afectar de modo alguno la exactitud de las mediciones.

Por esta misma razón una tira de hierro magnetizada pegada a un trozo de corcho que flota en el agua, no avanza en dirección del polo magnético de la Tierra más próximo, sino que sólo se pone < de cara» a él en el plano de un meridiano magnético: dos fuerzas paralelas iguales y de sentido contrario no pueden imprimir movimiento progresivo a un cuerpo, sino que sólo son capaces de hacerlo girar sobre su eje.

Volver

199. Atracción y repulsión eléctrica y magnética.
a) Una bola ligera es atraída por una varilla. ¿Significa esto que la varilla está electrizada? ¿Y si la bola es repelida? b) Una barra de hierro atrae a una aguja de acero. ¿Querrá decir esto que la barra está imantada? ¿Y si la aguja es repelida?

a) El hecho de que la bola es atraída por la varilla no comprueba inmediatamente que esta última está imantada. Una varilla no electrizada previamente también atraerá a una bola ligera electrizada. La atracción comprueba que uno de estos dos objetos está electrizado. Al contrario, si la varilla y la bola se repelen mutuamente, podemos concluir que ambos cuerpos están electrizados: sólo se repelen los cuerpos con carga eléctrica de un mismo signo.

b) Lo mismo sucede con los imanes. Si la varilla de hierro atrae la aguja, no podemos afirmar que la primera está imantada: el hierro no imantado también atraerá la aguja si esta última está magnetizada.
Volver

200. Capacidad eléctrica del cuerpo humano.
¿Cuál es la capacidad eléctrica del cuerpo humano?

Si la persona se encuentra alejada de un conductor puesto a tierra (por ejemplo, de las paredes de la habitación), la capacidad eléctrica de su cuerpo es igual a 30 «centímetros». Quiere decir que en tales condiciones la capacidad eléctrica del cuerpo humano equivale a la de un conductor esférico de 30 cm de radio.
Volver

201. Resistencia del filamento.
La resistencia eléctrica del filamento en estado caliente difiere de la del filamento frío. ¿Cuál es la diferencia en una bombilla de vacío de 50 vatios?
La resistencia del filamento de carbón disminuye al aumentar la temperatura, mientras que la del metálico aumenta notablemente. Cuando el filamento de la bombilla dé vacío de 50 vatios está caliente, su resistencia supera 12 ó 16 veces la que tiene en estado frío.
Volver

202. Electro-conductibilidad del vidrio.
¿Conduce la corriente eléctrica el vidrio?

El vidrio no siempre presenta propiedades aislantes: cuando está muy caliente, conduce la corriente eléctrica. Si conectamos una varilla o un tubo de vidrio de 1 a 1,5 cm de longitud a la red de alumbrado eléctrico y lo calentamos mediante un mechero, algún tiempo después, cuando el vidrio se caliente suficientemente, dejará pasar la corriente eléctrica. Una bombilla eléctrica conectada a este circuito se encenderá.
Volver

203. El daño que causa el encendido frecuente de las bombillas eléctricas.
Algunos tipos de bombillas eléctricas se funden si se encienden muy frecuentemente. ¿Por qué?

Si las bombillas de filamento de tungsteno se encienden y apagan con mucha frecuencia, se deterioran fácilmente. En estado frío, el filamento metálico absorbe restos de gas que quedan en el interior de la bombilla después de evacuarlo. En estado caliente, el mismo vuelve a desprender el gas absorbido, lo cual deteriora poco a poco al filamento de este elemento.
Volver

204. El filamento.
Cuando las bombillas eléctricas no están encendidas, tienen filamentos tan finos que casi no se ven a simple vista. ¿Por qué los filamentos se engruesan cuando conducen la corriente eléctrica?

El grosor de varios filamentos B en comparación con el del cabello humano A y el hilo de la telaraña C

Es cierto que el filamento de la bombilla eléctrica encendida parece tener mayores dimensiones. No obstante, no se puede atribuir este hecho a la dilatación térmica. El coeficiente de dilatación de los metales equivale a unas. cuantas cienmilésimas, por lo cual, cuando su temperatura se eleva hasta 2000 °C, el diámetro de las piezas metálicas sólo puede aumentar en algún tanto por ciento, es decir, mucho menos de lo que aparenta.
En realidad, el filamento no se ensancha más que en cierto tanto por ciento. Su engrosamiento aparente se debe a la ilusión óptica: a consecuencia de la llamada irradiación las zonas blancas parecen tener dimensiones mayores que las reales. Cuanto más luminoso es un objeto, tanto mayores dimensiones aparenta tener. Como la luminosidad del filamento calentado es bastante elevada, su aumento virtual es considerable: un filamento de diámetro real de cerca de 0,03 mm parece medir no menos de un milímetro, es decir, «aumenta» 30 veces.

Volver

205. Longitud del relámpago.
¿Qué longitud puede tener un relámpago?

Muy pocas personas tienen una noción más o menos exacta acerca de las dimensiones de los relámpagos. En realidad, éstos suelen medir varios kilómetros de longitud. Una vez se observó un rayo de 49 km de largo.
Volver

206. La corriente mortífera.
Una corriente de 0,1 A de intensidad puede causar la muerte de la persona. La intensidad de corriente de la red de alumbrado suele superar varias veces esta magnitud. Entonces, ¿por qué esta corriente no siempre mata a la persona?

La intensidad de corriente de la red de alumbrado asciende a 0,5 A mientras el cuerpo humano no está «conectado» a ella. Cuando el mismo forma parte del circuito, disminuye considerablemente la intensidad de corriente, puesto que su resistencia es bastante elevada y varía desde cien ohmios hasta varias decenas de miles. Naturalmente una resistencia tan alta incorporada en el circuito disminuye la intensidad de corriente, de modo que ésta ya no puede perjudicar al organismo. Sucede a veces que una tensión de hasta 5000 voltios no causa daño alguno a la persona, pues la resistencia del cuerpo humano puede ser muy considerable. Pero sería un error concluir que podemos descuidarnos totalmente y no prestar atención a la corriente eléctrica. Hay que tener en cuenta que la resistencia de nuestro cuerpo no es constante, sino que depende de muchos factores imposibles de prever. Por ello, una corriente de tensión no muy elevada puede afectar gravemente a la persona. Es imposible indicar un voltaje por encima del cual la corriente es perjudicial.
Volver

207. Longitud de un segmento.
La longitud de un segmento ha sido medida dos veces. La primera vez el resultado ha sido 42,27 mm y la segunda, 42,29 mm. ¿Cuál es la longitud real del segmento?

Muchas personas consideran que al medir una magnitud, su longitud real equivale a la media aritmética de los resultados de cada una de las mediciones. Por ello, a la pregunta planteada se acostumbra responder de la manera siguiente: la longitud real del segmento es de

$(42, 27 + 42, 29) / 2 = 42, 28$ mm.

El resultado no es exacto, ya que en este caso la magnitud obtenida no es sino el valor más probable de la longitud del segmento, y puede no ser el valor real. Los datos disponibles no permiten determinar exactamente la verdadera longitud; esta última podrá equivaler a la longitud más probable o puede diferir de ella.
Volver

208. La gota de agua horada la piedra.
¿Cómo explica usted el hecho de que «la gota de agua horada la piedra»?

Es sabido que para dejar una huella, aunque sea muy pequeña, en la superficie de una piedra, hay que utilizar un cuerpo más duro que la piedra. Como el agua no es más dura que la piedra, ¿cómo puede «horadarla»?

El agua pura que cae sobre la piedra no deja ni la menor huella en su superficie, por más que vuelva a hacerlo. El valor de un conjunto de ceros no supera al cero, por lo tanto, la repetición infinita de golpes de gotas de agua sobre la piedra no produce ningún efecto. Si el agua en este caso fuera absolutamente pura, no «horadaría» la piedra. Pero el agua natural siempre contiene partículas sólidas (por ejemplo, de arena, cuarzo, sal) capaces de dejar huellas en la piedra. Por muy pequeñas que sean dichas huellas, sobreponiéndose unas a otras durante largo tiempo causan un perjuicio notable.

Por consiguiente, no es el agua lo que horada la piedra, sino las diminutas partículas sólidas invisibles presentes en ella.

Volver

209. Dos ciudades.
He aquí uno de los problemas presentados por Edison en su certamen:
«Dos ciudades situadas en diferentes orillas de un río a una milla (1,6 km) de distancia quedaron incomunicadas entre sí a consecuencia de un siniestro. ¿Cómo restablecería usted la comunicación entre ellas sin valerse de la electricidad? El río es infranqueable.»

Se podría proponer varios métodos para resolver es te problema que Edison formuló de una manera bastante imprecisa. Si se pide asegurar la comunicación «verbal» entre las dos ciudades, el telégrafo óptico, o sea, el intercambio de señales luminosas de día o de noche, permitiría salir del apuro. Pero si se trata de asegurar el envío de cargas o correo de una orilla a otra, se podría construir un teleférico lanzando a la orilla opuesta un extremo de un cordel ligero mediante un cohete de calibre suficiente.

Volver

210. Una botella en el fondo del océano.
Una botella destapada se encuentra en el fondo del mar a una profundidad de 1 km. ¿Cómo varía su capacidad por la acción de la presión del agua, aumenta o disminuye?

Puede parecer absolutamente incuestionable el hecho de que la capacidad de la botella seguirá invariable, ya que la presión del líquido se transmite de igual forma tanto a su superficie exterior como interior. No obstante, esta conclusión es errónea: de hecho, la botella se comprimirá, por lo cual su capacidad disminuirá correspondientemente. El lector encontrará con qué argumentar semejante afirmación leyendo el siguiente razonamiento del famoso físico holandés H. Lorentz expuesto en su Curso de física. Examinando el efecto de la presión que un gas ejerce sobre una esfera hueca Lorentz dice:
«No importa de qué manera se presione sobre la superficie interior de la esfera. Por lo tanto, supongamos que para ejercer presión introducimos en su interior un núcleo compuesto de la misma sustancia que las paredes del cuerpo, que se adhiere tan bien a ellas que ambas forman un todo único. Si ahora aplicamos cierta presión p a la superficie exterior, se aplicará la misma fuerza a todos los puntos dentro de la esfera: sus paredes sufrirán igual presión ejercida por ambos lados. En este caso disminuirán todas las medidas del cuerpo con arreglo a la razón que se puede calcular en base al coeficiente de compresibilidad. De modo que podemos sacar la conclusión siguiente:

Si una esfera hueca o un recipiente de forma arbitraria experimentan -por dentro y por fuera- la acción de una presión p, su capacidad disminuirá en la misma magnitud en que se reduciría el volumen de un núcleo de igual materia colocado dentro de ellos, llenándolos completamente, si lo expusiéramos a semejante presión.»

Hagamos un cálculo aproximado. Cuando un cuerpo sufre la compresión omnilateral bajo la acción de la presión p, su volumen disminuye en

donde k es el coeficiente de extensión y E, el módulo de elasticidad.

Para el vidrio k = 0,3 y E = 6 * 10 10 (en unidades del SI). Por eso, bajo la presión de la columna de agua de 1000 m (10 7 N/m 2) la capacidad de la botella de vidrio de 1 litro ó 10 -3 m 3 , de capacidad, disminuirá en

El hecho paradójico de disminución de la capacidad del recipiente a consecuencia de la presión aplicada igualmente a su superficie interna y externa, parece tan increíble que muchas personas no acaban de entenderlo aun cuando se les expone toda la argumentación. Por lo visto, no estará de más valernos del razonamiento expuesto por E. Edser en su excelente Física general. Se trata, pues, de la misma idea de Lorentz, sólo que expresada de un modo distinto:

«La variación de la capacidad de un recipiente debida a la acción de una fuerza f (referida a la unidad de área) que lo presiona uniformemente y está aplicada a su superficie interior y exterior (denominémosla tensión), se determina comparando el recipiente vacío con uno totalmente hecho del mismo material y de las mismas dimensiones, comprimido uniformemente por la tensión externa f. Podemos convertir mentalmente un recipiente vacío en uno macizo, suponiendo que contiene un núcleo de la misma sustancia que las paredes. Como la tensión compresora es uniforme en todo el espesor de este sólido, la magnitud de compresión de cada partícula será proporcional a la referida tensión f. El núcleo llena todo el recipiente y, además, sufre la misma fuerza que las paredes. Luego la deformación de estas últimas se debe únicamente a la acción de la tensión f (dirigida desde el exterior y el interior del recipiente, por el lado del núcleo). Así pues, la deformación de las paredes no depende del «origen» de la presión que afecta su superficie interior, sea creada por el núcleo o por el líquido contenido en el recipiente, por lo cual la disminución de su capacidad equivale exactamente a la del volumen del núcleo.»

Tenemos que considerar el hecho recién analizado cuando efectuamos mediciones exactas, por ejemplo, cuando determinamos el módulo de elasticidad volumétrica de un fluido utilizando el instrumento de Regnault.

Volver

211. Calas, o bloques de calibrado.

En la técnica, para efectuar mediciones exactas, se utilizan bloques de acero llamados «calas» o «bloques de calibrado». Si se aplican uno a otro, se mantienen fuertemente adheridos, aunque no están imantados ni unidos de ninguna manera .¿Por qué?

¿Por qué los bloques se adhieren fuertemente unos a otros?

En un principio, la propiedad de las calas de mantenerse fuertemente adheridas unas a otras se atribuyó a la presión de la atmósfera. Se suponía, pues, que entre sus superficies muy lisas aplicadas unas a otras no hay aire. No obstante, se tuvo que desechar este criterio cuando fue medida la fuerza necesaria para desprenderlas; resultó que ésta es de 3 ó 6 kgf/cm 2 e incluso más. La presión atmosférica no puede contrarrestar semejante fuerza.

La causa verdadera de tan fuerte adhesión de los bloques de calibrado es que sus superficies se pegan entre sí porque hay humedad en cada una de ellas. Las caras de los bloques están pulimentadas con tanto esmero que entre dos superficies aplicadas una a otra no hay espacio mayor de 0,2 ¼m (0,0002 mm). A propósito, las superficies absolutamente secas no se pegan entre sí; basta que haya restos de humedad (contenida en el aire) para que dichos elementos se adhieran fuertemente: para separar bloques de una sección de 1*0.35 cm se requiere aplicar un esfuerzo de 30 o más kg; además no se desprenden ni a golpes.

Volver

212. Una vela dentro de un tarro tapado.

Ofrecemos la descripción de un experimento para comprobar la influencia de la presión atmosférica, que fue publicada en su tiempo en una revista para escolares:

«Un cabo de vela encendido se fija al fondo de un tarro de vidrio; después de que permanezca encendido algún tiempo, la vasija se tapa poniendo un aro de goma húmedo entre sus bordes y la tapa. Al poco rato la llama empieza a extinguirse y se apaga. Si usted trata de destapar el tarro, podrá lograrlo aplicando un esfuerzo bastante considerable.

Es fácil comprender la causa de este fenómeno. La llama consume oxígeno, cuya reserva está limitada en este tarro herméticamente tapado. Cuando el oxígeno se agota, la llama se apaga. El resto de aire que ocupa un volumen mayor, se rarifica y ejerce una presión menor. La tapa queda apretada fuertemente a los bordes del recipiente por el exceso de presión exterior.»

¿Es correcta esta explicación?

Un cabo de vela colocado en un tarro de cristal

La explicación del experimento es incorrecta. En lugar del oxígeno consumido mientras la vela estaba ardiendo se ha formado bióxido de carbono: en la proporción de una molécula de éste por cada dos moléculas de aquel. Un número igual de moléculas siempre ocupa un mismo volumen si la presión no varía (ley de Avogadro). Por consiguiente, el consumo de oxígeno de por sí no puede alterar la presión del gas contenido en el tarro.

El experimento con una vela encendida descrito por Filón

La causa real del fenómeno en cuestión es distinta, no es de carácter químico, sino físico. Naturalmente, dentro del recipiente el aire se enrarece durante la combustión, pero no a consecuencia del consumo de oxígeno, sino debido al calentamiento. Parte del gas dilatado sale del tarro hasta que se igualen la presión del aire exterior frío y del caliente contenido en el recipiente. Cuando la vela se apaga por falta de oxígeno, el aire dentro del recipiente se enfría, su presión disminuye, y el exceso de presión atmosférica aprieta la tapa a los bordes de la vasija.

Es harto conocida una modificación de este experimento: un vaso en el cual previamente se coloca un trozo de papel ardiendo, se pone boca abajo en un plato con agua y esta última entra en el vaso. Muchas veces este fenómeno se atribuye al consumo del aire: incluso se llega a afirmar a veces que el agua «siempre sube hasta 1/5 parte de la altura del vaso, con arreglo a la proporción del oxígeno presente en el aire», aunque nunca se ha observado semejante constancia.

Este equívoco se ha generalizado mucho. Por ejemplo, en su obra Ciencias naturales vistas en su desarrollo e interrelación, aparecida a principios del siglo XX, F. Dannemann decía lo siguiente: «En la figura aparece la vela de Filón que succiona líquido. El recipiente a contiene agua. El recipiente d está invertido de modo que su boca se hallaba bajo el agua y dentro de él se encuentra una vela encendida. "El agua, dice Filón, enseguida empieza a subir. Esto sucede porque el fuego desplaza aire del recipiente d. El volumen del agua que entra en el segundo recipiente equivale al del aire desplazado."

El sabio no se dio cuenta de que cada vez se desplaza una misma cantidad de aire. En este caso se trata de una de las experiencias realizadas por Scheele y otros experimentadores para demostrar el hecho de que el aire consta de dos gases diferentes.»

Según vemos, la explicación sugerida por el físico de la Antigüedad, en principio, muy correcta, se da por incorrecta en el fragmento que acabamos de citar; más aún, lo que se afirma es del todo incorrecto desde el punto teórico y práctico. Volver

213. Cronología de las escalas termométricas.
¿Cuál de los termómetros apareció primero, el de Celsius, de Fahrenheit o de Reaumur?

El primero de los tres termómetros tele Celsius, Reaumur y Fahrenheit- fue el de Fahrenheit, inventado a comienzos del siglo XVIII. Los de Reaumur y de Celsius datan de 1730 y 1740, respectivamente
Volver

214. Los inventores de termómetros.
¿De qué nacionalidad eran Celsius, Reaumur y Fahrenheit?

Como el termómetro de Fahrenheit está propagado en Inglaterra y Estados Unidos, mientras que el de Celsius tiene extensa aplicación en Francia, muchas personas consideran que Fahrenheit era inglés y Celsius, francés. Pero de hecho Fahrenheit era alemán y vivía en la ciudad de Dantzig; Celsius era un astrónomo sueco y Reaumur, un naturalista francés.
Volver

215. La masa del globo terráqueo.
Ofrecemos un pasaje tomado de un libro de divulgación científica.
«Partiendo de los datos de las mediciones, los científicos han establecido que la densidad del globo terráqueo es de 5,5 gr/cm 3 ; su volumen se conoce, puesto que se ha logrado determinar su diámetro. Multiplicando este volumen por 5,5 han calculado la masa de la Tierra».
¿Es idóneo este procedimiento para determinar la masa del Globo?

Algunos libros de divulgación científica proponen el siguiente procedimiento para determinar la masa del globo terráqueo: multiplicando su densidad media por el volumen del planeta.
¿De qué manera fue determinada la densidad media de la Tierra?, ya que es imposible medir directamente la densidad de las capas profundas del Globo. No obstante, de hecho se procedió a la inversa: primero fue determinada la masa de la Tierra y luego en base a ésta y a su volumen fue calculada la densidad media. La masa de la Tierra fue definida experimentalmente, a saber, averiguando la magnitud de la fuerza con la cual dos cuerpos de masa de 1 g cada uno se atraen recíprocamente encontrándose a una distancia de 1 cm entre ellos. Si se sabe que la Tierra, cuyo centro dista de la superficie 6.400.000 km, atrae 1 kg de masa con una fuerza de 9,8 N, y que la

fuerza de atracción es directamente proporcional al producto de las masas que se atraen una a otra, y es inversamente proporcional al cuadrado de la distancia entre ellas, es posible calcular la masa del planeta sin valerse de su densidad media.

El cálculo es bastante fácil. Un cuerpo de 1 kg de masa es atraído por otro, de la misma masa, desde una distancia de 1 m con una fuerza de 6,7 * 10 -11 N. Por consiguiente, si el centro del Globo se emplazara a la distancia de 1 m de dicho cuerpo de 1 kg de masa, su masa M atraería este kilogramo con una fuerza M(6,7 · 10 -11)N.

Pero a la distancia equivalente al radio terrestre (el globo es atraído como si toda su masa estuviera concentrada en su centro), es decir, a la distancia de 6.400.000 km, la fuerza de atracción disminuye 6.400.000 2 veces y es

Pero se sabe que la fuerza con la cual la Tierra atrae un cuerpo de 1 kg de masa, situado en su superficie, es igual a 9,8 N ~ 10 N. Por eso podemos escribir la igualdad

de donde

Tras realizar el cálculo, determinamos que la masa del globo terráqueo es de cerca de 6 * 10 24 kg.
Volver

216. El movimiento del Sistema Solar.
En uno de los libros de problemas de física hemos encontrado el siguiente problema:
«Los astrónomos consideran que el Sistema Solar se mueve con una velocidad aproximada de 17 km por segundo hacia la constelación Lira. ¿Qué fenómenos sería posible observar en la Tierra si este movimiento no fuera uniforme, sino acelerado o retardado?»
Responda.

El autor del mencionado libro de problemas de física da la respuesta siguiente a este problema:
« Si el movimiento sólo fuera acelerado, todos los cuerpos dispuestos en el hemisferio que da a la constelación Lira, pesarían más, mientras que los del hemisferio opuesto pesarían menos.»
Esta respuesta sería correcta si la fuerza que pone en movimiento los cuerpos celestes no influyera de ninguna manera en los objetos que se encuentran en ellos. Pero conocemos cuál es la única fuerza capaz de imprimir movimiento acelerado al sistema planetario: la gravitación. Dicha fuerza comunica aceleraciones iguales a todos los cuerpos. Los planetas y los cuerpos que se encuentran en ellos, en todo momento deberían moverse con velocidad igual, es decir, se hallarían en reposo unos respecto a otros. Por consiguiente, el peso de los objetos no cambiaría. Observando los fenómenos que tienen lugar en la Tierra, es imposible determinar si se mueve progresivamente o no, si está en movimiento acelerado o uniforme.
Volver

217. Acerca del vuelo a la Luna.
Un día, después de escuchar mi conferencia dedicada a la cosmonáutica, un joven astrónomo me objetó de la siguiente manera:

«Usted ha omitido una circunstancia importante, por la cual será imposible alcanzar la Luna tripulando naves propulsadas por cohetes. El caso es que en comparación con la masa de los cuerpos celestes, la de un cohete viene a ser de una magnitud despreciable; a su vez, las masas infinitésimas son aceleradas enormemente por la acción de fuerzas relativamente pequeñas que se podrían despreciar si las condiciones fueran distintas. Me refiero a la atracción que ejercen Venus, Marte y Júpiter. Su influencia no es considerable, pero la masa del cohete es prácticamente nula, por lo cual la acción de dichos planetas será muy notable. Estas fuerzas le imprimirán una aceleración enorme, de modo que el móvil estará errando en el espacio siendo atraído ora por un cuerpo de masa más o menos considerable ora por otro, y nunca alcanzará la Luna.»
¿Qué opinión tiene usted sobre esta objeción, amigo lector?

Esta objeción es totalmente gratuita, aunque parece tener fundamento. Es cierto que desde el punto de vista de la astronomía, la masa del cohete puede considerarse nula. Pero precisamente por eso la acción perturbadora que los planetas ejercen sobre él también es igual a cero, puesto que la atracción recíproca de dos cuerpos es directamente proporcional al producto de sus masas; si una de estas magnitudes es nula, la atracción también lo será, por más grande que sea la masa del otro cuerpo. Si no hay masa, no hay atracción.
Es posible sacar la misma conclusión de otra manera. Supongamos que tenemos dos cuerpos de masas M y m. La fuerza de su atracción mutua es

donde G es la constante gravitacional y r, la distancia entre los cuerpos. La aceleración a que la masa m tiene bajo la influencia de la fuerza F, es igual a

Es obvio que la aceleración del cuerpo atraído no depende de su masa (m), sino de la del cuerpo que lo atrae. Por consiguiente, la atracción de los planetas comunicaría cierta aceleración al cohete (y éste se desplazaría bajo la influencia de esta fuerza), lo mismo que a cualquier cuerpo de masa gigantesca, por ejemplo, al globo terráqueo. Es sabido que la acción perturbadora de la atracción planetaria sobre el Globo es ínfima.
De modo que el piloto de la nave puede dirigirla hacia la Luna sin temor a que la atraigan Venus, Marte o Júpiter.
Volver

218. El hombre se pone a salvo de la gravedad.
En su tiempo, cuando se libraban debates en torno a la posibilidad de realizar vuelos interplanetarios, un astrónomo, refiriéndose a las condiciones, a las cuales tendría que adaptarse el hombre en un medio sin gravedad, presentó el siguiente argumento que pareció muy convincente a muchas personas.
«Nuestro organismo es muy sensible a todo cambio relacionado con la gravedad. A ver, traten de permanecer cabeza abajo algún rato. La circulación sanguínea podrá alterarse gravemente. Si el cambio de sentido de la gravedad influye de esa manera, ¿de qué manera influiría su ausencia?»
¿Qué diría usted sobre la lógica de semejante conclusión?

El lector sabrá valorar la validez lógica del argumento expuesto en la pregunta si trata de aplicar semejantes conclusiones en algún otro terreno. ¿Qué diría usted sobre el razonamiento que sigue?

«Acerca del consumo de alcohol. Nuestro organismo es muy sensible a este producto. Trate de tomar un litro de alcohol puro o de una mezcla de alcohol y coñac. Esto podrá afectar gravemente la actividad nerviosa de su organismo. Si es tan notable el efecto causado por los cambios en la dosis o la composición de las bebidas alcohólicas ingeridas, ¿cómo deberá influir la abstinencia absoluta?» La falta de lógica en esta conclusión salta a la vista, pero, extrañamente, no todo el mundo la echa de ver enseguida cuando se presenta con la forma que tiene en esta pregunta. Durante las conferencias sobre la astronáutica que he dictado, los oyentes se han valido muchas veces de este argumento, pues ponían en duda la posibilidad de que la persona exista en un medio sin pesantez; no se sabe por qué, pero a muchos les parece convincente la conclusión de que si el ser humano muere después de estar largo tiempo cabeza abajo, deberá morir inminentemente en un medio sin gravitación. Será porque razonan de la siguiente manera: como en algunas ocasiones la gravedad causa alteraciones, la ingravidez también puede causarlas.

Pero, en realidad, según sabemos, esta última no causa daño alguno al organismo humano.
Volver

219. La tercera ley de Kepler.
La tercera ley de Kepler se formula de diferentes maneras en diversos libros. Unas veces se afirma que los cuadrados de los períodos de revolución de los planetas y cometas se relacionan entre sí como los cubos de las respectivas distancias medias al Sol. Otras veces se sostiene que lo hacen como los cubos de los semi-ejes mayores de sus órbitas.
¿Cuál de estas dos formulaciones es correcta?

Las dos formulaciones son idénticas: el semieje mayor de la órbita equivale a la distancia media del planeta al Sol. Esta magnitud constituye la media aritmética de las distancias máxima y mínima del planeta al Sol, así como de todas las distancias entre ellos durante todo el período de orbitación. Si el Sol está emplazado en el foco F 1 (ver figura), mientras que el planeta recorre sucesivamente los puntos a, b, c , d , etc., la distancia media del planeta al astro se obtiene sumando todas las distancias F 1 * a , F 1 * b , F 1 * c , F 1 * d , etc., del foco F 1 , a cada uno de los puntos de la órbita y dividiendo esta suma por el número de distancias. Será fácil demostrar que el cociente vale la mitad del eje mayor.

¿Cómo se determina la distancia media de un planeta al Sol?

He aquí la demostración. Supongamos que en la órbita de un planeta están señaladas n posiciones de este cuerpo; tenemos, pues, n distancias. Unamos cada punto correspondiente a la posición del planeta con el foco F 2 . La suma de distancias de cada punto a los focos equivale al eje mayor 2á de la elipse (esta curva posee semejante propiedad). Por consiguiente,
aF 1 + aF 2 = 2ã
bF 1 + bF 2 = 2ã
cF 1 + cF 2 = 2ã
etc

Sumando los primeros y segundos miembros de estas igualdades, obtenemos la expresión siguiente:

(aF 1 + bF 1 + cF 1 + …) + (aF 2 + bF 2 + cF 2 + …) = 2nã

Si n es infinito, en virtud de la simetría de la elipse ambas expresiones entre paréntesis son iguales, y cada una de ellas es la suma de las distancias del planeta al foco (es decir, al Sol); designemos esta suma por S. Obtendremos la igualdad siguiente:

$2S = 2n\tilde{a}$

Por lo cual

$S / n = \tilde{a}$

Mas, S/n es la distancia media del planeta al Sol, en tanto que á designa el semieje mayor de la órbita. Por consiguiente, la distancia media del planeta al astro es igual al semieje mayor de su órbita.
Volver

220. El movimiento perpetuo.
Si los planetas siguieran órbitas estrictamente circulares dando vueltas al Sol, evidentemente no realizarían ningún trabajo mecánico, puesto que no se alejarían del cuerpo que los atrae. Esta situación no cambia cuando la órbita es elíptica, como la de la Tierra. En efecto, pasando de puntos de la elipse cercanos al Sol a puntos más alejados de éste, la Tierra invierte cierta energía para vencer la atracción solar; pero estas inversiones de energía se compensan plenamente cuando el planeta vuelve a la posición de partida. En suma, orbitando al Sol, la Tierra no gasta energía, de modo que semejante movimiento se prolongará indefinidamente.
Consecuencia de este razonamiento sería la conclusión de que la revolución de los planetas es un ejemplo de movimiento perpetuo. Como se trata de un hecho cierto, ¿por qué la física afirma que el movimiento perpetuo es imposible?

La física no afirma, ni mucho menos, que el movimiento perpetuo es imposible; sólo descarta el «perpetuum mobile», es decir, el móvil perpetuo, y no el movimiento perpetuo o continuo. El «perpetuum mobile» es un mecanismo que puede estar en movimiento indefinidamente, realizando trabajo. La existencia de semejante artefacto iría en contra de la ley de conservación de la energía, puesto que sería capaz de realizar cierta cantidad infinita de trabajo, a consecuencia de lo cual dejaría de ser constante la cantidad total de energía en la naturaleza. Un planeta que órbita al Sol no puede servir de semejante mecanismo; no es un «perpetuum mobile», pues no realiza ningún trabajo durante su movimiento; éste es un movimiento continuo cuya existencia no contraviene las leyes de física.
En opinión de algunas personas, el hecho de que exista corriente eléctrica sin solución de continuidad en los superconductores (a temperaturas muy bajas) obviamente infringe la ley de conservación de la energía. Aunque el fenómeno de superconductividad no tiene relación directa con nuestro problema, tenemos que acotar que el mismo no viola la ley de conservación de la energía: la corriente circulará indefinidamente en el superconductor a condición de que no realice ningún trabajo. La corriente cesará si se le hace realizar algún trabajo.
Por tanto, es irrealizable el siguiente proyecto, descrito en una obra publicada en su tiempo y dedicada a la astronáutica:
«Durante los vuelos espaciales que se realizarán en el futuro será posible utilizar un generador eléctrico extravehicular que funcionará a la temperatura del cero absoluto (¿?). Una vez puesto en marcha, proporcionará corriente eléctrica ininterrumpidamente... Como la Tierra y la Luna, así como otros planetas ya realizan semejante (¿?) movimiento... ¿Por qué el hombre no puede crear su perpetuum mobile?»
Entre otras nociones equivocadas, en este proyecto se confunden los conceptos de «movimiento perpetuo» y «móvil perpetuo».
Volver

221. El organismo humano y la máquina térmica.
Cite argumentos que permitan considerar el organismo humano vivo como una máquina térmica.

No existen fundamentos físicos que permitan comparar el organismo animal con la máquina de vapor. Hay quien supone equivocadamente que el organismo animal y el motor térmico son plenamente análogos. Este error se deriva de la similitud puramente superficial entre ellos: ambos consumen combustible (alimentos) que produce calor cuando se combina con el oxígeno. En base a estos argumentos se concluye precipitadamente que el calor «animal» se convierte en la energía mecánica del organismo, lo mismo que el calor producido por la caldera sirve para impulsar la máquina.

Sin embargo, este criterio relativo al origen de la energía mecánica del hombre y el animal contradice a la física, además, a su rama más irrefutable, a la termodinámica. Examinando más detenidamente este asunto, nos daremos cuenta de que entre el organismo animal y el motor térmico no hay semejanza de principio: el organismo vivo no es una máquina térmica.

Vamos a demostrar, por qué es totalmente errónea la suposición de que la energía mecánica del organismo vivo surge como resultado de la transformación del calor de «combustión» de los alimentos en trabajo mecánico. O sea, vamos a aclarar, por qué es erróneo considerar que en el organismo primero se obtiene calor a expensas de los alimentos, y sólo después éste se transforma en trabajo. La termodinámica ha establecido que el calor puede convertirse en trabajo siempre que se transmita de una fuente con temperatura alta (por ejemplo, del «calentador», es decir, del hogar de la caldera) a otra con temperatura baja (al «refrigerador»). En este caso la razón de la cantidad de calor convertido en trabajo mecánico a la cantidad de calor recibido del calentador (el rendimiento de la máquina) equivale a la de la diferencia de temperaturas del calentador y el refrigerador con respecto a la del calentador:

donde k es el rendimiento, T 1 , la temperatura del cuerpo caliente y T 2 , la del cuerpo frío (T 1 y T 2 se expresan en grados Kelvin).

Vamos a utilizar esta fórmula para tratar de examinar el organismo humano como una máquina térmica. Sabido es que su temperatura normal es de 37 °C aproximadamente. Por lo visto, este dato corresponde a uno de los dos niveles de temperatura cuya existencia viene a ser una condición necesaria de funcionamiento de toda máquina térmica. De modo que los 37 °C serán el nivel superior (la temperatura del calentador) o el inferior (la del refrigerador).

Examinemos ambos casos partiendo de la fórmula expuesta más arriba y conociendo que el rendimiento del cuerpo humano es de 0,3 aproximadamente, es decir, de un 30 %.

Caso I.
37 °C (= 310 K) es la temperatura T 1 del «calentador». La temperatura T 2 del «refrigerador» se determina haciendo uso de la ecuación siguiente:

de donde T 2 = 217 K, o -56 °C. Quiere decir que ¡en nuestro cuerpo debe haber una zona con una temperatura de 56°C bajo cero! (Suponiendo que el rendimiento es de un 50 %, según afirman algunos autores, tendremos que reconocer otra absurdidad, aún mayor, o sea, que en nuestro cuerpo hay una zona con una temperatura de 118 °C bajo cero.)

Por consiguiente, la temperatura de 37 °C no puede ser el valor máximo de la temperatura de la «máquina térmica viva». ¿Será el mínimo? Vamos a ver.

142

Caso II.

La temperatura del «refrigerador» es de 37°C: T 2 = 273 + 37 = 310 K.

En este caso (si k = 30 %)

de donde T 1 = 443 K, o 170 °C. ¡En nuestro cuerpo debe haber una zona con una temperatura de 170 °C sobre cero! (Si adoptamos k = 50 %, para T 1 obtendremos un valor de 620 K, ó + 347 °C.) Como ningún anatomista ha descubierto en el cuerpo humano una zona que esté congelada hasta 56 °C bajo cero, ni calentada hasta +170 °C, nos vemos obligados a renunciar a la hipótesis de que nuestro organismo semeja una máquina térmica.

«El músculo no es una máquina térmica en el sentido de la termodinámica -dice el Prof. E. Lecher en su obra Física para los médicos y biólogos-. No obstante, la energía potencial de las reacciones químicas (de asimilación de los alimentos) puede ser convertida en trabajo directamente o mediante la energía eléctrica. El calor que hay en el músculo, es un residuo de trabajo mecánico o eléctrico.»

Volver

222. Meteoritos.

¿Por qué los meteoritos despiden luz?

Recordemos que antes de entrar en la atmósfera terrestre el meteorito tiene una temperatura muy baja y no se ilumina, y sólo en la atmósfera se calienta y se vuelve luminoso. Por cierto, este cuerpo no arde, ya que en aquella altitud (de 100 o más kilómetros sobre la superficie terrestre) existe un gran vacío y, por lo visto, no hay oxígeno.

Entonces, ¿por qué el meteorito se calienta tanto? Comúnmente, a esta pregunta se suele responder de la siguiente manera: porque roza con el aire. Pero, de hecho, este cuerpo no roza con el medio ambiente, sino que arrastra las capas de aire inmediatas a él.

Podría parecer científicamente verosímil la explicación que sigue: el meteorito se calienta hasta tal grado porque la energía de su movimiento, que pierde a consecuencia de la resistencia del aire, se convierte en calor. Pero semejante explicación discrepa con los hechos y la teoría. Si la energía cinética que el meteorito pierde se convirtiera directamente en calor, o sea, si se acelerase el movimiento caótico de sus moléculas, se calentaría toda su masa. Mas, sólo se calienta la capa superficial de este fragmento, en tanto que su interior sigue helado.

Este criterio tampoco es consistente desde el punto de vista teórico. No es preciso que el cuerpo se caliente cuando se decelere: su energía cinética puede convertirse en otras formas de energía. Un cuerpo lanzado hacia arriba se decelera, pero no se calienta: la energía cinética se transforma en energía potencial del cuerpo elevado a cierta altura. En el caso del meteorito, parte de la energía de movimiento que éste pierde, se invierte en poner en movimiento vorticial las capas de aire inmediatas a él. El resto de esta energía, de hecho, se transforma en calor, pero, ¿de qué modo? ¿Cómo la deceleración de las moléculas puede engendrar su movimiento caótico acelerado, es decir, lo que suele llamarse calor? La explicación que acabamos de exponer no responde a esta pregunta.

En realidad, el meteorito se calienta de la siguiente manera. Inicialmente no se calienta el meteorito propiamente dicho, sino el aire que este cuerpo comprime de frente irrumpiendo impetuosamente en la atmósfera: este aire entrega su calor a la capa superficial del fragmento. El aire se calienta al ser comprimido por la misma causa que cuando se utiliza un eslabón, es decir, a consecuencia de la compresión adiabática; durante su movimiento el meteorito presiona el aire con tanta rapidez que el calor generado no tiene tiempo para disiparse en el ambiente.

Vamos a calcular, aunque sea aproximadamente, la temperatura que tendrá el aire comprimido por el advenedizo del cosmos. La física ha establecido la dependencia siguiente entre los factores que intervienen en el proceso:

ésta es una modificación de la fórmula que utilizamos para contestar a la pregunta 130, relativa al caso de la expansión adiabática. Vamos a explicar el sentido de las designaciones: T i es la temperatura inicial del gas (en grados Kelvin); T f , la temperatura final del mismo (ídem); p f / p i la razón del valor final al inicial de la presión del gas; k , la razón de dos capacidades caloríficas del gas; para el aire, k = 1,4 y (k - 1)/k = 0,29.

Realizando el cálculo, adoptemos T i (la temperatura de las capas de aire superiores) igual a 200 K. En lo que se refiere a la razón p f / p i vamos a considerar que la presión del aire aumenta de 0,000001 at a 100 at, es decir, la razón indicada es de 108. Sustituyendo estos valores en la fórmula, obtenemos el siguiente resultado:

Este cálculo, basado en datos hipotéticos, no puede ser menos que aproximado, más bien es una estimación del orden de la incógnita.

Así pues, hemos sacado la conclusión de que el aire comprimido frontalmente por semejante móvil debe de calentarse hasta varias decenas de miles de grados. Estimaciones basadas en la medición del brillo de los meteoritos proporciona un resultado similar: de 10.000 a 30.000 grados.

Estrictamente hablando, cuando observamos uno de ellos, no lo vemos (pues suele tener tamaño de nuez o guisante), sino que notamos el aire incandescente cuyo volumen es varias miles de veces mayor.

Lo que acabamos de exponer, también se refiere, en lo esencial, al calentamiento de los proyectiles de artillería que al comprimir el aire delante de sí, lo calientan y se calientan ellos mismos. La única diferencia consiste en que la velocidad del meteorito es 50 veces mayor que la de los proyectiles.

Por lo que atañe a la diferencia de las densidades del aire a gran altitud y junto a la superficie terrestre, hay que tener en cuenta que el grado de calentamiento sólo depende de la razón de las densidades final e inicial, y no de sus magnitudes absolutas.

Para terminar, sólo nos queda explicar una cosa: ¿por qué, pues, se calienta el aire cuando es comprimido? Vamos a examinar un ejemplo concreto cuando lo comprime un meteorito. Las moléculas de aire que chocan con la piedra que les viene al encuentro, rebotan a mayor velocidad que la inicial. Recuérdese, qué hace el tenista para que la pelota rebote con la mayor celeridad posible: no espera pasivamente a que choque con la raqueta, sino que la intercepta golpeando con fuerza con tal de « transmitirle su peso propio», por decirlo así. Cada molécula rebota del móvil como la pelota de la raqueta, recibiendo parte de su energía. Precisamente la energía cinética creciente de las moléculas es lo que entendemos por «aumento de la temperatura».

Volver

223. La niebla en zonas industriales.

En zonas industriales, las nieblas son más frecuentes que en zonas boscosas o agrícolas. (Las nieblas de Londres se han hecho proverbiales.)

¿Cómo explicaría usted este fenómeno?

Las leyes de la física molecular explican por qué en las zonas industriales, cuya atmósfera está contaminada con partículas de humo, son frecuentes las nieblas. Según hemos establecido al resolver el problema 150, la presión del vapor saturador cerca de la superficie de líquido cóncava debe ser menor que junto a la plana si la temperatura es igual en ambos casos. Análogamente, la presión del vapor saturador junto a la superficie de líquido convexa debe ser más alta que cerca de la plana. La causa de este fenómeno consiste en que las moléculas abandonan con mayor facilidad una superficie convexa que otra plana (siendo iguales las temperaturas de los líquidos). ¿Qué deberá pasar, pues, con una gota de agua de superficie muy convexa (es decir, de forma de bola diminuta) que se encuentra en un espacio saturado de vapor de agua? La gota empezará a evaporarse en semejante atmósfera, y si es suficientemente pequeña, lo hará totalmente, a pesar de que el espacio ya está saturado de vapor; en tal caso dicho espacio se volverá «sobresaturado» de vapor.

Es fácil comprender la consecuencia que se deriva de semejante «suceso»: el vapor empezará a condensarse y a formar gotas sólo a condición de que esté sobresaturado. En un espacio normalmente saturado de vapor de agua, sus moléculas no formarían gotitas, puesto que las primeras de ellas -muy diminutas, por supuesto- deberían evaporarse en seguida.

El caso es distinto si el ambiente saturado de vapor contiene partículas de polvo o humo. Por muy pequeñas que sean, su tamaño es considerable en comparación con el de las moléculas de agua, las que al precipitarse sobre ellas de inmediato forman gotas bastante grandes. Estas últimas, de radio considerable, no tienen una superficie curva como para que el agua pueda evaporarse en seguida. Por ello, queda claro por qué la presencia de partículas de humo en el ambiente debe favorecer la condensación de vapor y la formación de gotas, es decir, de niebla.

Volver

224. El humo, el polvo y la niebla.
¿Qué diferencia hay entre la niebla, el humo y el polvo?

El humo, el polvo y la niebla difieren en cuanto al estado y el tamaño de partículas suspendidas en el aire (o en el seno de otro gas). Si las partículas son sólidas, hay polvo o humo; si son líquidas, hay niebla.

El polvo y el humo difieren en tamaño de sus partículas. Las de polvo son más gruesas, su diámetro es de 0,01 a 0,001 cm. Las partículas de humo, en cambio, tienen un diámetro de 0,0000001 cm; así de pequeñas son, por ejemplo, las del humo de tabaco cuyo diámetro sólo es 10 veces mayor que el del átomo de hidrógeno (y cuyo volumen supera 1000 veces el de este último).

Otra diferencia entre el humo y el polvo, condicionada por el tamaño desigual de sus partículas, consiste en que las de polvo se precipitan con una velocidad creciente, en tanto que las de humo lo hacen con una velocidad constante (si miden no menos de 0,00001 cm de diámetro) o no se precipitan en absoluto (si su diámetro es menor de 0,00001 cm). En este último caso la velocidad del llamado movimiento browniano de dichas partículas supera a la de su precipitación.

Volver

225. Velocidad de las moléculas de agua.
¿En qué caso las moléculas de agua tienen mayor velocidad a 0 °C, en el vapor de agua, en el agua líquida o en el hielo?

La velocidad de movimiento térmico de las moléculas de una sustancia dada depende de su temperatura y no tiene nada que ver con el estado -sólido, líquido o gaseoso- de la misma. Por consiguiente, a una misma temperatura las moléculas de vapor de agua, agua líquida y hielo se mueven a igual velocidad (mejor dicho, poseen energía cinética igual: las de hielo no son idénticas a las de agua y de vapor).

Volver

226. Movimiento térmico de las moléculas a 273 °C bajo cero.
¿Cuál es la velocidad aproximada de movimiento térmico de las moléculas de hidrógeno a - 273°C?

He aquí la respuesta que parecerá muy correcta a muchos lectores:
«La temperatura de - 273 °C es la del cero absoluto. A esa temperatura la velocidad progresiva de las moléculas es nula. Por ello, a 273 °C bajo cero las de hidrógeno, al igual que cualesquiera otras, se encuentran en reposo.»
No obstante, la respuesta es errónea, puesto que la temperatura del cero absoluto es de -273,15 °C, y no de -273°C.
¿Tendrán mucha importancia las 0,15 de grado? Ya que, de seguro, a temperaturas tan bajas las moléculas estarán muy cohibidas, de modo que una diferencia de 0,15°C no debería cambiar radicalmente la situación.
Así puede parecer, pero el cálculo no justifica estas expectativas: la velocidad de las moléculas disminuye proporcionalmente a la raíz cuadrada de la temperatura (en grados Kelvin), por lo cual a temperaturas muy bajas las moléculas todavía se mueven con bastante rapidez. Hagamos el cálculo. La teoría cinética de los gases afirma que a 0 °C, es decir, a 273 K, las moléculas de hidrógeno se mueven con una velocidad de 1843 m/s. Por consiguiente, su velocidad media x a -270 °C (es decir, a 3,1 K) se determina haciendo uso de la proporción siguiente:

de donde x » 196 m/s.

¿Qué velocidad tendrán las moléculas de hidrógeno a temperaturas próximas al cero absoluto?

Las moléculas de un gas tan enfriado tienen una velocidad superior a la de una bala.
Aun a la temperatura en 1/4 de grado mayor que el cero absoluto la velocidad de movimiento de las moléculas de hidrógeno es bastante elevada. Haciendo uso de la proporción

determinamos y » 56 m/s
es decir, su velocidad supera 200 km/h (la de una avioneta).
Volvamos, pues, a la pregunta planteada y respondamos, qué velocidad tendrán las moléculas de hidrógeno a -273 °C, es decir, a 0,15 K. Para ello utilizaremos la proporción siguiente:

de donde z » 43 m/s.
O sea, la velocidad de las moléculas es de unos 155 km/h y supera casi dos veces la de un tren ordinario. Semejante velocidad no se puede considerar ínfima, próxima a la de estado en reposo, ni mucho menos.
Volver

227. El cero absoluto.
¿Será posible alcanzar la temperatura del cero absoluto?

En Leyden (Holanda), tras muchos años de búsqueda y experimentos se logró generar en condiciones de laboratorio una temperatura de -272,9 °C, es decir, tan sólo faltó un cuarto de grado centígrado para obtener el cero absoluto.

Por ello, generalmente se suele creer que no costará mucho trabajo alcanzar el cero absoluto, sólo habrá que avanzar un espacio de un cuarto de grado centígrado. O sea, se razona de la misma manera que en su tiempo se razonaba sobre cómo alcanzar el Polo ártico: como queda menos de un cuarto de grado, pues, la meta está muy cerca.

Sin embargo, existen argumentos que obligan a concluir que es imposible alcanzar el cero absoluto. Lo afirma uno de los corolarios del tercer principio de la termodinámica. El examen de esta tesis no compete a la física elemental. Sólo nos limitaremos a señalar que algunos autores dan el nombre de «principio de inaccesibilidad del cero absoluto» al referido principio de la termodinámica.

Es interesante comparar las tres conclusiones negativas («tres imposibilidades», por decirlo así) derivadas de los tres principios de la termodinámica:

a) del primer principio (ley de conservación de la energía) se deduce la imposibilidad del móvil perpetuo de primera especie;

b) del segundo principio, la imposibilidad del móvil perpetuo de segunda especie;

c) del tercer principio, la imposibilidad de alcanzar el cero absoluto.

Volver

228. El vacío.
¿Qué es el vacío?

No se piense que por vacío se entiende cierto grado elevado de enrarecimiento del gas contenido en un recipiente cerrado. Cualquier gas puede estar muy enrarecido, no obstante, ningún físico dirá que se trata del vacío. Estrictamente hablando, uno de los rasgos del vacío consiste en que el recorrido libre medio de las moléculas es mayor que las dimensiones del recipiente.

Expliquémoslo. Las moléculas de gas, sujetas al movimiento térmico, chocan una con otra miles de millones de veces por segundo. No obstante, en el intervalo de tiempo entre dos colisiones seguidas, una molécula recorre cierto espacio, llamado recorrido libre (sin colisionar con sus gemelas). La longitud media l de este recorrido se determina dividiendo la velocidad media v de las moléculas, es decir, el recorrido medio de una molécula en un segundo, por el número N de sus colisiones por segundo:

Por ejemplo, a 0 °C la velocidad media v de las moléculas de aire es de unos 500 m/s, o 500.000 mm/s; el número N de colisiones por segundo a presión normal equivale a 5.000.000.000. Por consiguiente, el recorrido medio l de las moléculas de aire a 0 °C y presión de 760 mm de mercurio es igual a

(En realidad, se procede a la inversa: se determinan experimentalmente v y l, mientras que N se halla mediante el cálculo. Haciéndolo de otra manera sólo hemos querido establecer la dependencia entre las variables l, v y N .)

Si la presión del gas es n veces menor que la normal, es decir, si éste está enrarecido n veces, el número de moléculas de gas contenidas en un centímetro cúbico será n veces menor; por consiguiente, tantas veces menor será el número N de colisiones. Como $N = v/l$, siendo invariable la velocidad v (ésta no depende de la presión), la longitud l será mayor la misma cantidad de veces.

Si el aire se ha enrarecido un millón de veces, a 0 °C el recorrido libre medio de sus moléculas será igual a 0,0001 * 1.000.000 = 100 mm = 10 cm.

En el espacio interior de una bombilla eléctrica de menos de 10 cm de longitud, con aire enrarecido hasta tal grado, el recorrido libre medio de las moléculas supera las dimensiones de la ampolla; quiere decir que, por regla general, se mueven dentro de ella sin chocar una con otra. El gas que se encuentra en semejante estado posee una serie de propiedades distintas de las que suelen tener los gases cuyas moléculas chocan entre sí. Por ello, en física este estado del gas tiene un nombre especial, a saber, «vacío».

El estado del aire contenido en un recipiente de dimensiones considerables (por ejemplo, en un tubo de 1 m de longitud) y enrarecido hasta ese mismo grado y a esa misma temperatura ya no se podrá llamar vacío, puesto que sus moléculas chocarán entre sí.

Volver

229. La temperatura media de toda la materia.

¿Qué temperatura media tiene la materia del Universo, según los cálculos aproximados?

El problema de qué temperatura media tendrá la materia del Universo suscita gran interés, y cuando sepamos responderlo definitivamente, averiguaremos en qué estado estudiamos la materia en nuestros laboratorios, en el típico o excepcional. La temperatura media de toda la materia del Universo ¡es de un orden de varios millones de grados!

Esta estimación sorprendente dejará de ser paradójica si recordamos que la masa de los planetas del Sistema Solar constituye 1/700 (0,0013) parte de la del Sol, y que una relación del mismo orden tendrá lugar en el caso de otras estrellas (si tienen sus respectivos sistemas planetarios). Por consiguiente, cerca de 0,999 partes de toda la materia del Universo está concentrada en el Sol y las estrellas, cuya temperatura media es de decenas de millones de grados. Nuestro Sol es una estrella típica; su superficie tiene una temperatura de 6000 °C, mientras que en su interior mantienen no menos de 40.000.000 °C. Por esta razón, hemos de considerar que la materia del Universo tiene una temperatura de 20.000.000 de grados por término medio.

La situación cambiaría poco si compartiéramos el punto de vista (muy defendido en su tiempo por A. Eddington) de que el espacio interestelar no está totalmente libre de una materia ponderable, sino que está ocupado por una sustancia extremadamente enrarecida, hasta una decena de moléculas por 1 cm 3 (20.000.000 de veces menos que en la bombilla más enrarecida). Si esta suposición es cierta, la cantidad total de materia que hay en el espacio interestelar será unas tres veces mayor que la que compone las estrellas. Como la temperatura de la materia interestelar es de unos 200 °C bajo cero, o mucho menor, los 3/4 de toda la materia del Universo tendrán una temperatura de -200 °C, y el resto, una de 20.000.000 de grados. De modo que la temperatura media de la materia del Universo será de unos 5.000.000 de grados.

Sea como sea, nos veremos obligados a sacar la conclusión de que la temperatura media de la materia del Universo no es menor de varios millones de grados, y que una parte de ella tiene una de 20.000.000 °C o más, y la otra, 200 °C bajo cero o menos. Y sólo una parte de la materia que cuantitativamente se expresaría por una magnitud despreciable tendrá una temperatura moderada que generalmente se registra en el medio ambiente que habitamos.

Experimento que ha permitido generar la temperatura de 20.000 grados. El experimentador está protegido convenientemente contra la acción de la onda explosiva

Así pues, las temperaturas típicas de la materia serán extremadamente bajas, muy próximas al cero absoluto (si se comprueba la hipótesis de Eddington), o extremadamente altas, de decenas de millones de grados. La física, según vemos, trata de la materia sujeta a condiciones excepcionales, mientras que los estados de la materia que solemos considerar excepcionales, de hecho, son estados típicos. Conocemos muy superficialmente las características físicas del grueso de la materia que compone el Universo; habrá que estudiarlas más detenidamente en el futuro. Poseemos datos muy exiguos acerca de las propiedades de la materia a temperaturas próximas al cero absoluto, y no tenemos ni la menor idea acerca de qué es la materia a la temperatura de decenas de millones de grados.

En los EE.UU., en un laboratorio fue generada una temperatura de 20.000 °C mediante la descarga instantánea de un condensador eléctrico efectuada con un alambre fino y corto, de 0,0005 g de peso. Durante aquel experimento, en una cienmilésima de segundo el alambre recibía 30 calorías. Según los cálculos efectuados por los experimentadores, éste se calentaba hasta 20.000 °C en unos casos (fig. 130) y hasta 27.000 °C en otros, batiendo todas las marcas de temperatura establecidas en los laboratorios hasta aquel entonces. El alambre calentado hasta esa temperatura emitía una luz 200 veces más brillante que la solar.

Cuando el recipiente, donde se encontraba el alambre, se llenaba de agua, explotaba y se volvía polvo al producirse la descarga, de modo que era imposible identificar el vidrio entre lo que quedaba de él.

Hitos en el camino hacia la temperatura de 20.000 °C

Si los experimentadores se encontraban a una distancia de medio metro del equipo y no estaban protegidos adecuadamente, sentían una sacudida muy fuerte producida por la onda explosiva. Esta última se propagaba con una rapidez diez veces mayor que el sonido. A tanta temperatura el movimiento molecular se acelera enormemente: por ejemplo, las moléculas de hidrógeno tienen una velocidad de 16 km/s.

La temperatura de 20.000 a 27.000 grados supera la de la superficie de las estrellas más calientes, pero está muy por debajo de la que reina en su interior, donde asciende a decenas de millones de grados. Ni la imaginación más audaz podría «crear» semejante calor. Jeans en su libro El Universo a nuestro alrededor dice lo siguiente:

«Las temperaturas de treinta a sesenta millones de grados que suponemos que existen en el núcleo de las estrellas, están tan fuera del alcance de nuestra experiencia que ni siquiera podemos figurarnos de alguna manera más o menos precisa, qué deben significar. Supongamos que un milímetro cúbico de materia común se caldea hasta 50.000.000 de grados, o sea, aproximadamente hasta la temperatura del centro del Sol. Por más fantástica que parezca semejante suposición, para compensar la energía que emiten sus seis caras, se requeriría la energía total de una máquina de 3.000.000.000.000.000 CV. Esta «cabeza de alfiler» emitiría una cantidad de calor suficiente para incinerar al que intente acercarse hacia ella a 1500 kilómetros. »

Las 999 milésimas (o no menos de un cuarto, como mínimo) de toda la materia de la naturaleza permanecerán en este estado, inconcebible para nosotros. Según vemos, la física tiene por delante un extensísimo campo que investigar, antes de que llegue a dominar las leyes de la materia.
Volver

230. Una diezmillonésima de gramo.
¿Es posible ver a simple vista una diezmillonésima de gramo de materia?

Hemos visto hartas veces una diezmillonésima de gramo de sustancia. Usted acaba de deslizar su vista por una de semejantes partículas.

La tinta de un punto impreso pesa cerca de una diezmillonésima de gramo. Su peso ha sido determinado de la manera siguiente: mediante una balanza muy sensible ha sido pesado un trozo de papel en blanco, después en él se ha puesto con tinta un punto y se ha vuelto a pesar. La diferencia

de las dos medidas correspondió al peso del punto. Esta magnitud es de 0,00000013 g, o sea, es poco más de una diezmillonésima de gramo.
Volver

231. El número de Avogadro
Un mol de toda sustancia, es decir, tantos gramos de ésta como vale su masa molecular (por ejemplo, 2 g de hidrógeno ó 32 g de oxígeno), siempre contiene un mismo número de moléculas, a saber, 6.6 * 10 23 . En física este número se llama constante de Avogadro, o número de Avogadro. Imagínese que ese número no es de moléculas, sino de cabezas de alfiler; usted desea encargar una caja para ellas y decide que la altura de ésta debe medir 1 km.
¿Qué dimensiones tendría, aproximadamente, la base de la caja?
¿Cabría semejante caja dentro de los límites de San Petersburgo?

Es inútil tratar de ubicar dentro de los límites de una ciudad, por muy extensa que sea, una caja llena de cabezas de alfiler cuyo número equivale al de Avogadro, aunque las paredes de ésta midan 1 km de altura. Tamaña «caja» no cabría en el territorio de Francia, el país más extenso de Europa occidental.

El fondo de una caja con paredes de 1 km de altura, llena de cabezas de alfiler, cuyo número equivale al de Avogadro, no cabría en el territorio de Francia

Como esta afirmación parece muy inverosímil, vamos a efectuar el cálculo para comprobarla. El volumen de una cabeza de alfiler es igual a 1 mm 3 . Expresemos la magnitud 66 * 10 22 mm 3 en kilómetros cúbicos:

66 * 10 22 : 10 18 = 66 * 10 4 = 660.000 km 3 .

Como la altura de la caja es de 1 km, su base debería tener un área igual a 660.000 km 2 , mientras que la superficie de Francia sólo mide 550.000 km 2 .
La superficie del Mar Caspio es menor aún (de 440.000 km 2), pero como sólo en algunos lugares su profundidad es de 1 km, con tanta cantidad de cabezas de alfiler se podría llenar toda la depresión de este lago, el más grande del mundo, y aun sobraría bastante número de cabezas de alfiler.
Volver

232. Un litro de alcohol vertido en el Océano Mundial.
Si se vierte un litro de alcohol en el Océano Mundial, sus moléculas se distribuirán en todo el volumen del agua.
¿Qué cantidad de agua habría que extraer del Océano para recuperar una molécula de alcohol?

Este cálculo muestra evidentemente cuán enorme es la cantidad de moléculas contenidas en un volumen bastante reducido. Para responder correctamente a la pregunta planteada, es preciso comparar el número de moléculas que hay en un litro de alcohol con el de litros de agua del Océano Mundial. Ambas cantidades son impresionantes, y sin hacer un cálculo es imposible decir cuál de ellos es más grande. Vamos a realizarlo de la manera siguiente.
Un mol de alcohol etílico, lo mismo que uno de cualquier otra sustancia, contiene 66 * 10 22 moléculas (constante de Avogadro). La masa de un mol de alcohol (C 2 H 6 0) es igual a

2 * 12 + 6 * 1 + 1 * 16 = 46 g.

Luego un gramo de alcohol contiene 66 * 10 22 / 46 = 14 * 10 21 moléculas. En un litro de alcohol de masa de 800 g el número de moléculas es 14 * 10 21 * 800 = 112 * 10 23 » 10 25
¿Cuántos litros de agua habrá en el Océano Mundial? Su superficie mide unos 370.000.000 de km 2
. Si consideramos que el Océano Mundial mide 4 km de profundidad por término medio, el volumen del agua será

148 * 10 7 km 3 , o 148 * 10 19 litros » 15 * 10 20 litros

Al dividir el número de moléculas de un litro de alcohol por la cantidad de litros de agua del Océano Mundial, obtendremos el siguiente dato aproximado: 7000, es decir que en este caso en cualquier parte del océano cada litro de agua contendría unas 7000 moléculas de alcohol. En cada dedal de agua del océano habría 7 moléculas de esa sustancia.

Una gota de agua tiene no menos moléculas que gotas el Mar Negro

También es ilustrativa la comparación siguiente: una gota de agua contiene tantas moléculas como gotas pequeñas hay en el Mar Negro. El lector puede comprobar estos datos efectuando un cálculo similar al que acabamos de exponer.
Volver

233. Distancia entre las moléculas.
¿Cuántas veces es menor el diámetro de la molécula de hidrógeno en comparación con la distancia media entre las moléculas de ese gas que se encuentra a 0 °C y a presión normal?

Aun a presión normal, entre las moléculas de los gases hay un espacio mucho mayor de lo que se suele creer. A 0 °C y a presión de 760 mm de mercurio la distancia media entre las moléculas de hidrógeno es de

0,000003 cm (3 * 10 -6 cm),

en tanto que el diámetro de la molécula de hidrógeno es de 2 * 10 -8 cm. Si dividimos el primer número entre el segundo, obtendremos 150.
Por consiguiente, las moléculas de nuestro gas están alejadas unas de otras a una distancia ciento cincuenta veces mayor que sus diámetros.
Volver

234. Masas del átomo de hidrógeno y de la Tierra.
Trate de determinar «a ojo» el término incógnito en la proporción siguiente:

Dado que la masa del átomo de hidrógeno equivale a 1,7 * 10 -24 g, mientras que la del globo terráqueo es igual a 6 * 10 27 g, su media proporcional será de

151

Volver

235. El tamaño de la molécula.
¿Qué tamaño tendrían, aproximadamente, las moléculas si aumentasen 1.000.000 de veces las dimensiones lineales de todos los cuerpos que hay en la Tierra?

Si aumentasen 1.000.000 de veces las dimensiones lineales de todos los cuerpos que hay en la Tierra, la cima de la torre Eiffel estaría muy cerca de la órbita de la Luna;

la estatura media de la persona sería de 1700 km;
el cuerpo de un ratón mediría 100 km de longitud; el cuerpo de una mosca mediría 7 km de largo;
el cabello humano sería de 100 m de grosor;
los glóbulos rojos de la sangre tendrían un diámetro de 7 m.
Las moléculas tendrían un tamaño igual al de un punto impreso.

Volver

236. El electrón y el Sol.
¿A qué equivale x en la proporción siguiente:

Una bolita cuyo diámetro equivale a la media proporcional del diámetro del electrón y el Sol, es sorprendentemente pequeña. He aquí el cálculo:

el diámetro del electrón es de $4 * 10^{-13}$ cm;
el diámetro del Sol equivale a $14 * 10^{10}$ cm;

Así pues, una bola que es tantas veces menor que el Sol como es mayor que el electrón, tiene el tamaño de un perdigón.
Volver

237. La masa de la energía.
¿Como se ha de entender la afirmación de la física moderna de que la energía posee masa?

La física moderna ha establecido que no sólo la materia, sino también la energía poseen masa ponderable. Verdad es que nadie ha advertido que pesen más los cuerpos calentados; por lo visto, el aumento de energía térmica no añade notablemente masa al cuerpo. En este caso el incremento de masa no se observa directamente, por ser infinitésimo en comparación con la de todo el cuerpo.

¿Qué cantidad de masa pierde el Sol cada segundo por la emisión de energía?

En general, las masas, con las cuales tenemos que vérnoslas en la técnica y en la vida cotidiana, son suficientemente grandes para que su peso sea notable. A1 contrario, las porciones de energía que advertimos diariamente, son tan insignificantes que su peso es imperceptible.

Estas relaciones serán mucho más patentes si las traducimos al lenguaje de los números. Una máquina de vapor de 3000 CV realiza un trabajo de 2.250.000 julios por segundo, o sea, de unos 800.000.000 de julios por hora. A nuestro modo de ver, esta cantidad de trabajo es enorme, pero su masa es muy pequeña, de 0,1 mg. Noventa billones (9 · 10 13) de julios tendrán masa de 1 g.

He aquí otro ejemplo. En la figura se representa una piscina cúbica de 6 m de profundidad, llena de agua a 0 °C. Supongamos que para calentarla hasta 100 °C se invierten

6 * 6 * 6 * 1000 * 100 = 21.600.000 kcal.

Como una caloría equivale a 4270 julios, la energía del agua contenida en la piscina aumentó en 90.000.000.000 J. Esta magnitud constituye exactamente una milésima de los 90 billones de julios y, por consiguiente, tiene una masa equivalente a una milésima de gramo, es decir, a 1 mg. El peso del agua de la piscina (216 t) se acrecentó en 1 g, o sea, en una cantidad imposible de registrar. Ahora está claro, por qué no advertimos el peso de la energía de los fenómenos que tienen lugar a nuestro alrededor. En la vida cotidiana y en la técnica podemos atenernos firmemente a la noción tradicional de la energía como algo absolutamente imponderable. La física de los procesos de producción no sufre cambio alguno porque hayamos descubierto que la energía tiene peso.

Es distinto el caso de los fenómenos a escala universal, en los cuales intervienen enormes cantidades de energía. Por ejemplo, el Sol emite tanta energía que su pérdida de masa ya debe de ser notable. Hagamos el cálculo. Cada metro cuadrado de superficie dispuesta perpendicularmente a los rayos solares en el límite superior de la atmósfera terrestre, recibe del Sol 1/3 kcal por segundo. Esta magnitud equivale a 4270 * 1/3 ~ 1423 J. Para tomar en consideración la energía total emitida por el Sol en todos los sentidos, supongamos que este astro se encuentra dentro de una esfera hueca de radio igual a la distancia de la Tierra al Sol (150.000.000.000 km). El área de la superficie de semejante esfera será de

4 * 3,14 * 150.000.000.000 2 » 28 * 10 22 m.

Cada metro cuadrado de la superficie recibe 1423 J de energía, mientras que al área calculada llegan 1423 J * 28 * l0 22 » 4 * 10 26 J. Ya hemos dicho que cada 90 billones de julios de energía poseen una masa de 1 g. Por consiguiente, la cantidad de energía que el Sol emite cada segundo tiene una masa igual a

4 * 10 25 / 9 * 10 12 = 4,5 · 10 12 g.

Este dato quiere decir que el astro pierde cada segundo cerca de 4.500.000.000.000 g, equivalentes a 4.500.000 t.

El peso de cada una de las pirámides más grandes de Egipto es aproximadamente igual a esta magnitud. Las pirámides de Egipto figuran entre las obras más pesadas que hay en el mundo. Mientras usted estuvo leyendo estas líneas, varios centenares de semejantes «pirámides» abandonaron la superficie incandescente del astro.

La energía necesaria para elevar esta pirámide a una altura de 500 m, posee una masa de 2,4 g

Como el Sol pierde continuamente una masa equivalente a 30.000.000 de «pirámides» de Egipto al año, ¿afecta este hecho la estabilidad de nuestro sistema planetario? ¿Altera su orden? ¿Influye en la orbitación de los planetas? Indudablemente, estas alteraciones han de tener lugar. Pero la masa de nuestro sol es increíblemente enorme, de modo que esta pérdida no es notable. Se ha calculado que a consecuencia de la disminución de la masa solar, la Tierra está alejándose paulatinamente del astro; cada año su órbita se ensancha en 1 cm. Tendrá que pasar un millón de años para que el año terrestre aumente en 4 segundos como resultado de este fenómeno. Como vemos, desde el punto de vista práctico la masa solar se reduce en una magnitud muy insignificante.

En épocas remotas, cuando el Sol estaba más caliente y emitía mayor cantidad de energía, la pérdida de masa solar era más considerable, por lo cual se notaban más las consecuencias derivadas de este fenómeno. Recordemos que la Tierra se formó hace 2.000.000.000 de años aproximadamente. Por consiguiente, considerando la pérdida de masa solar, en aquella época lejana la órbita de nuestro planeta era más estrecha, por lo cual el año duraba menos. Si suponemos que en la época temprana de existencia de la Tierra la intensidad de radiación solar era 1000 veces mayor, resulta que en aquel entonces el año era 40 días menor que ahora: duraba 325 días.

éstas son algunas de las consecuencias debidas a la ponderabilidad de la energía; no se advierten en la vida cotidiana, pero se vuelven notables si se examinan desde el punto de vista de los procesos universales.

Volver

238. La mecánica escolar y la teoría de la relatividad.

¿Cómo deberíamos enfocar la mecánica escolar desde el punto de vista de la teoría de la relatividad? ¿Tiene aún validez?

Desde que en la ciencia se estableció el llamado principio de relatividad de Einstein, las leyes fundamentales de la mecánica tradicional ya no parecen tan firmes como antes, aunque generalmente se creía que se mantendrían inalterables eternamente. Entre los no especialistas que oyeron algo de esta revolución ocurrida en la ciencia, se arraigó la opinión de que los principios de la mecánica creada por Galileo y Newton, sobre los cuales se asientan la técnica y la industria, se han vuelto obsoletos y deben ir a parar al archivo de la ciencia.

Hubo una época en que el hecho de que las tesis de la mecánica clásica seguían figurando en los libros de texto y en las publicaciones sobre temas técnicos, dejaba perplejas a las personas no muy enteradas de cómo es el estado de cosas en ese terreno. Incluso a veces se llegaba a calificar de retrógrados a los autores de artículos y libros técnicos que se atenían en sus cálculos a la «ley metafísica de independencia de la acción de las fuerzas», establecida por Galileo, a la ley de invariabilidad de la masa, formulada por Newton, etc.

Para esclarecer el asunto, vamos a analizar una de las leyes fundamentales de la mecánica clásica a saber, la de adición de velocidades. Conforme a esta ley, la regla de adición de las velocidades v y v 1 cuyos sentidos coinciden, tiene la siguiente forma matemática:

$u = v + v\ 1$

La teoría de la relatividad rechazó esta ley simple y la sustituyó por otra, más compleja, con arreglo a la cual la velocidad u siempre es menor que v + v 1 . La ley clásica resultó ser errónea. Pero ¿hasta qué punto? ¿Sufriremos algún daño si seguimos aplicando la regla antigua? Vamos a examinar la nueva fórmula de adición de velocidades. Hela aquí:

En esta expresión, las letras u, v y v 1 denotan lo mismo que antes, mientras que c designa la velocidad de la luz. Esta nueva fórmula sólo difiere de la antigua en el término vv 1 /c 2 , el cual suele tener valores muy pequeños si las velocidades v y v 1 no son muy elevadas, puesto que la velocidad de la luz c es extremadamente alta. Lo explica el siguiente ejemplo concreto.

Hagamos un cálculo para velocidades no muy grandes, típicas para la técnica moderna. La máquina más rápida es la turbina de vapor. Al dar 30.000 revoluciones por minuto y tener 15 cm de diámetro, su rotor desarrolla una velocidad lineal de 225 m/s. Los obuses tienen una velocidad más elevada, de 1 km/s. Adoptemos v = v 1 = 1 km/s y sustituyámosla en ambas fórmulas, antigua y nueva; c es la velocidad de la luz, igual a 300.000 km/s.

Según la fórmula clásica u = v + v 1 , u = 2 km/s. La fórmula nueva adopta la forma

y proporciona el resultado siguiente:

u = 1,999 999 999 998 km/s.

Por supuesto, hay cierta diferencia, pero ¡tan sólo equivalente a una milésima del diámetro del átomo más pequeño!

Recordemos que las mediciones más exactas de la longitud no sobrepasan la séptima cifra del resultado, en tanto que en la técnica se suele conformar con la cuarta o la quinta cifras; en nuestro caso los resultados obtenidos sólo difieren en la décimosegunda cifra, de modo que la diferencia vale 0,000 000 000 002.

El resultado casi no cambia si la velocidad es más alta aún; por ejemplo, en el caso de las naves propulsadas por cohetes cuya velocidad supera decenas de veces la del obús.

Por tanto, para la técnica la ley «clásica» de adición de velocidades no se ha vuelto «metafísica»: ésta sigue controlando todos los movimientos. Y sólo si las velocidades son mil veces superiores a la del cohete interplanetario (es decir, de decenas de miles de kilómetros por segundo) empieza a sentirse la inexactitud de la regla antigua de adición de velocidades. No obstante, por el momento la técnica no tiene que enfrentarse con semejantes velocidades que se examinan en la física teórica y en la experimentación en el laboratorio, en cuyo caso se utiliza la fórmula nueva.

Ahora abordemos la ley de constancia de la masa. La mecánica newtoniana está basada en la tesis de que la masa es inherente a un cuerpo dado, independientemente del estado en que éste se encuentra. La einsteiniana, en cambio, afirma lo contrario: la masa de un cuerpo no es constante, sino que aumenta cuando dicho cuerpo está en movimiento. Si esto es así, ¿serán erróneos todos los cálculos técnicos convencionales?

Examinando el ejemplo de un obús disparado, vamos a ver si podemos o no determinar la diferencia esperada. ¿En qué cantidad aumentará la masa del obús durante el movimiento? La teoría de la relatividad sostiene que el aumento de masa del cuerpo en movimiento, cuya masa en estado de reposo era m, es igual a

donde v es la velocidad del cuerpo y c , la de la luz.

Si usted efectúa el cálculo para v = 1 km/s, hallará que el incremento de masa de un proyectil disparado equivale a 0,000 000 000 005 de su masa en estado de reposo.

Según vemos, la masa ha aumentado en una magnitud imposible de determinar mediante el pesaje más exacto. La balanza más exacta permite determinar la masa con una exactitud de hasta 0,00000001 de su valor. Por cierto, semejante utensilio sería incapaz de registrar una diferencia mil veces mayor que la que generalmente es despreciada por la mecánica vieja. En el futuro, durante los vuelos de las naves interplanetarias que se desplazarán con velocidades de una decena de kilómetros por segundo, la masa de todos los objetos dispuestos en ellas aumentará en 0,0000000005 del valor de su masa en reposo. Esta magnitud es mayor, pero tampoco será posible medirla.

Por consiguiente, en lo que se refiere a la ley de constancia de la masa, hemos de repetir lo que explicamos respecto de la ley de adición de velocidades: prácticamente, esta ley sigue en vigor, de modo que los ingenieros pueden aplicarla sin temor a cometer un error notable. Es distinto el caso de los físicos que efectúan cálculos o experimentos con electrones rápidos (su velocidad puede ser del 95% de la de la luz y aún más); éstos tienen que atenerse a las leyes de la nueva mecánica.

Y ¿qué pasa constancia de la masa, o sea, con el gran principio de Lavoisier, en la química? Estrictamente hablando, en la actualidad habría que darlo por inexacto. Según Lavoisier, cuando se combinan químicamente 2 g de hidrógeno y 16 g de oxígeno, deberán proporcionar exactamente 18 g de agua. Pero según Einstein, en vez de 18 g se obtendrá menos, a saber,

17,9999999978 g.

Esta diferencia sólo se advierte sobre el papel; es imposible detectarla mediante una balanza.

Así pues, podemos afirmar, sin restricción alguna, que las tesis de la mecánica de Einstein no cambian nada en la técnica moderna. La industria puede seguir contando con el apoyo seguro de las leyes de la mecánica newtoniana.

Volver

239. El litro y el decímetro cúbico.
¿Qué es mayor, un litro o un decímetro cúbico?

Si usted piensa que un litro y un decímetro cúbico son lo mismo, anda equivocado. Estas dos unidades tienen valores similares, pero no son idénticas. El litro homologado del sistema de medidas que se utiliza hoy en día, no se deriva del decímetro cúbico, sino del kilogramo, y constituye el volumen de un kilogramo de agua pura a la temperatura de su densidad máxima. Este volumen supera el del decímetro cúbico en 27 mm 3 .

De modo que un litro es un poco mayor que un decímetro cúbico.

Volver

240. El peso del hilo de telaraña.
¿Qué peso tendría un hilo de telaraña tendido de la Tierra a la Luna? ¿Sería posible sostenerlo con las manos?

Sin efectuar un cálculo previo, cuesta trabajo dar una respuesta verosímil a esta pregunta. El cálculo es bastante fácil; helo aquí: si el diámetro del hilo de telaraña es de 0,0005 cm y la densidad, de 1 g/cm3, un hilo de 1 km de longitud pesaría

mientras que el peso de un hilo de 400.000 km de longitud (equivalente a la distancia aproximada de la Tierra a la Luna) sería de 0,02 g * 400.000 = 8 kg.

Semejante carga se podría sostener con las manos.

Volver

156

241. Las botellas y los barcos.
a) Dos barcos marchan por un río en el mismo sentido, pero con velocidades diferentes. En el instante en que uno pasa al lado del otro, desde cada uno de ellos se arroja una botella. Después de marchar un cuarto de hora los buques viran y avanzan con las mismas velocidades hacia donde flotan las botellas.
¿Cuál de ellos llegará primero adonde están las botellas, el rápido o el lento?
Resuelva el mismo problema suponiendo que inicialmente los buques iban uno al encuentro del otro.

A las dos preguntas hay que responder de la misma manera: los barcos volverán a las respectivas botellas simultáneamente. Al resolver este problema se puede considerar, en primer lugar, que la corriente lleva las botellas y los barcos a una misma velocidad y, por consiguiente, no cambia la posición de unas respecto de otros. Por ello, es lógico suponer que la velocidad de la corriente es nula. Bajo esta condición, es decir, navegando en agua quieta, los barcos tardarán el mismo tiempo en alcanzar sus respectivas botellas (después de volver atrás) que invirtieron en alejarse de ellas, es decir, un cuarto de hora.
Volver

242. En la plataforma de una báscula.
De pie en la plataforma de una báscula en equilibrio se encuentra una persona, que, en cierto momento, flexiona un poco las piernas. ¿Hacia dónde se desplazará en este instante la plataforma, hacia abajo o hacia arriba?

Sería un error suponer que la plataforma no se moverá a consecuencia de que el peso de la persona no cambia al flexionar las piernas. La fuerza que empuja el cuerpo hacia abajo cuando uno flexiona las piernas, empuja sus pies hacia arriba, a consecuencia de lo cual disminuye la presión sobre la plataforma y ésta debe subir.
Volver

243. Salto retardado.
El que escribe estas líneas recibió unas cuantas cartas cuyos autores pedían que les explicase cómo había podido establecer su récord mundial un paracaidista ruso. éste estuvo en caída libre durante 142 s sin abrir el paracaídas y, habiendo descendido 7900 m, tiró del anillo de apertura del artefacto. Este hecho no concuerda con las leyes de la caída libre de los cuerpos. Es fácil cerciorarnos de que el deportista sólo debería tardar 40 s en descender en caída libre 7900 m, en vez de los 142 s. Si estuvo en caída libre durante 142 s, no debería salvar una distancia de 7,9 km, sino de unos 100 km. ¿De qué forma hay que resolver esta contradicción?

Esta contradicción se debe a que el descenso del deportista con el paracaídas plegado fue considerado erróneamente como caída libre, no frenada por la resistencia del aire. Pero en este caso la caída difiere notablemente de la que se produce en un medio que no opone resistencia. Tratemos de examinar, aunque sea a grandes rasgos, lo que sucede durante el descenso sin abrir el paracaídas. Vamos a utilizar la fórmula aproximada que dedujimos experimentalmente para determinar la resistencia f que el aire opone en estas condiciones:

$$f = 0,3 \ v \ 2 \ H,$$

donde v es la velocidad de caída en m/s. Según vemos, la resistencia es proporcional al cuadrado de la velocidad, y como el paracaidista desciende con rapidez creciente, en cierto instante la fuerza de resistencia equivale al peso de su cuerpo. A partir de ese instante la velocidad de caída ya no aumenta, y el proceso se vuelve uniforme.

Para el paracaidista ese instante llegará cuando su peso (más el del paracaídas) valga 0,3 v 2 . Suponiendo que el del paracaidista equipado es de 900 N, obtenemos

0,3 v 2 = 900,

de donde v = 55 m/s.

De manera que esa persona cae aceleradamente mientras su velocidad sea inferior a los 55 m/s. ésta es su velocidad de descenso máxima que en lo sucesivo no aumentará. Vamos a determinar (también aproximadamente) en cuántos segundos alcanza la máxima. Tengamos en cuenta que al comenzar a descender, cuando la velocidad no es muy grande, el aire presta muy poca resistencia, por lo cual el cuerpo está en caída libre, es decir, se desplaza con la aceleración de 9,8 m/s 2 . No obstante, después, cuando el descenso se vuelve uniforme, la aceleración se anula. Para realizar un cálculo aproximado podemos admitir que la aceleración media era igual a

Por consiguiente, si suponemos que el incremento de la velocidad por segundo era de 4,9 m/s 2 , el paracaidista empezó a descender a la velocidad de 55 m/s al cabo de

55 / 4,9 = 11 s.

En este caso la distancia S que el cuerpo recorre en 11 s desplazándose aceleradamente, es igual a

Ahora disponemos de todos los datos relativos al descenso del paracaidista que durante los primeros 11 s cayó con una aceleración gradualmente decreciente, hasta que, al término de un trecho de unos 300 m de longitud, alcanzó la velocidad de 55 m/s; a continuación, mientras no abrió el paracaídas, siguió cayendo uniformemente con esta misma velocidad. Según nuestro cálculo aproximado el movimiento uniforme duró

(7900 – 300) / 55 » 138 m,

y el salto retardado,

11 + 138 = 149 s,

lo cual difiere muy poco de la duración real (142 s).

Este cálculo sencillo viene a ser una primera aproximación a la realidad, puesto que está basado en una serie de suposiciones que lo simplifican.

Para comparar, ofrecemos los datos obtenidos experimentalmente: con su equipamiento que pesa 8,2 N, el paracaidista alcanza la velocidad máxima en el duodécimo segundo, mientras desciende 425 ó 460 m.

Volver

244. Dos bolas.
Una de dos bolas iguales desciende por un plano inclinado y la otra, por los bordes de dos tablas de sección triangular dispuestas paralelamente. La pendiente del plano y la altura del punto de partida son iguales para ambos cuerpos.
¿Cuál de las bolas será la primera en recorrer la pendiente?

Ante todo, vamos a señalar que la reserva inicial de energía potencial de ambas bolas es igual, puesto que tienen idénticas masas y descienden desde una misma altura. Pero hay que tener en cuenta que para la que rueda por entre dos tablas, el radio del círculo de rodadura es menor que para la otra que desciende por el plano (r 2 < r 1).
Lo mismo que en el problema 44, para la bola que desciende por el plano, tenemos la expresión siguiente:

Para su gemela que rueda por entre dos tablas,

Sustituyendo

obtenemos la expresión siguiente:

Después de efectuar la transformación

obtenemos

Como hemos definido que r2 < r1, en esta expresión el numerador de la fracción de la derecha es mayor que el denominador y, por consiguiente, V1 > V2: la bola que desciende por el plano tiene mayor velocidad que la otra, y recorrerá su trecho antes.
Volver

245. Caída «superacelerada».
Supongamos que a una tabla que puede deslizarse verticalmente hacia abajo por las ranuras practicadas en dos montantes:
está fijada por los extremos una cadena;
está fijado un péndulo desviado hacia un lado respecto de la posición de equilibrio;
está fijado un frasco abierto con agua.

¿Qué pasará con estos objetos si la tabla empieza a bajar con aceleración g, que supera la de caída g?

1) En el caso de la caída «superacelerada» los puntos en que están fijados los extremos de la cadena, descenderán más rápidamente que sus eslabones; estos últimos, a su vez, tenderán a caer con una aceleración g < g 1 . Los eslabones medios quedarán rezagados de los extremos, de modo que la cadena se arqueará hacia arriba por la acción del exceso de aceleración g1 - g, dirigido también hacia arriba. En otras palabras, la cadena parecerá estar cayendo hacia arriba con la aceleración g 1 - g.

2) Por esta misma causa el péndulo se volverá «patas arriba» y oscilará en torno a la posición de aplomo con un período

donde l es la longitud reducida del artefacto.

3) Como el frasco estará descendiendo con una velocidad algo mayor que la de su contenido, el agua se verterá hacia arriba y estará cayendo encima de él.

Volver

246. En una escalera mecánica.

En una de las estaciones del metro de Moscú, un pasajero tarda 1 min 20 s en ascender mediante una escalera mecánica desde su punto más bajo hasta el más alto y tarda 4 min en subir caminando por esta misma escalera cuando permanece parada.

¿Cuánto tiempo necesitará el pasajero para ascender caminando por la escalera en dirección de su movimiento mientras funciona?

En un segundo los peldaños de la escalera mecánica se desplazan en 1/80 parte de su altura total. Cuando la escalera permanece fija, en este mismo lapso el pasajero sube a pie en 1 /240 parte de la altura total. Por consiguiente, caminando por la escalera en movimiento ascendente, en 1 s la persona ascenderá en

se de su altura y tardará

en recorrerla a todo su largo; es decir, tardará en ascender 1 minuto.

Apéndice
UNIDADES

Unidades de longitud

1 angstrom (Å)	10^{-10} m
1 unidad astronómica (u.a)	$1.49 * 10^{11}$ m

1 pulgada	$2.54*10^{-2}$ m
1 micra	10^{-6} m
1 parsec (pc)	$3.09*10^{16}$ m
1 pie	0.305 m

Unidades de area

1 área (a)	10^{2} m^2
1 hectárea (ha)	10^{4} m^2
1 barn	10^{-28} m^2

Unidades de volumen

1 litro (l)	10^{-3} m^3

Unidades de masa

1 unidad de masa atómica (uma)	$1.66*10^{-27}$ kg
1 gramo (g)	10^{-3} kg
1 tonelada (t)	10^{3} kg

Unidades de tiempo

1 año	$3.16*10^{7}$ s
1 minuto (min)	60 s
1 dia solar medio = 24 horas	86.400 s
1 hora (h)	3.600 s

Unidades de fuerza

1 dina	10^{-5} N
1 kilogramo-fuerza (kgf) = 1 kilopondio (kp)	9.81 N

Unidades de velocidad

1 kilómetro por hora (km/h)	0.278 m/s

Unidades de trabajo, energía y cantidad de calor

1 Wh	$3.6*10^{3}$ J
1 caloría (cal)	4.19 J
1 kilógramo-fuerza-metro (kgf-m)	9.81 J
1 ergio	10^{-7} J

Unidades de Potencia

1 kilógramo-fuerza-metro por segundo (kgf m/s)	9.81 W
1 kilocaloría/hora	1.16 W
1 caballo de vapor (CV)	736 W
1 ergio/s	10^{-7} W

Unidades de presión

1 atmósfera técnica (at) = 1 kgf/cm^2	$9.81*10^4$ Pa
1 atmósfera física o normal (atm)	$1.05*10^5$ Pa
1 bar (b)	10^5 Pa
1 dina/cm^2	0.1 Pa
1 kgf/m^2	9.81 Pa
1 kgf/mm^2	$9.81*10^6$ Pa
1 mm de mercurio (1 mm Hg)	133 Pa
1 mm de agua (1 mm H$_2$O)	9.81 Pa

Unidades de ángulo plano

1 grado (1°)	$1.75*10^{-4}$ rad
1 minuto de ángulo (1')	$2.91*10^{-4}$ rad
1 segundo de ángulo (1")	$4.85*10^{-6}$ rad

www.ingramcontent.com/pod-product-compliance
Lightning Source LLC
Chambersburg PA
CBHW051510170526
45166CB00001B/473